Inhalt

▢❘❘❘ Einführung

Die Formel ist sehr hilfreich bei wiederkehrenden, gleichen Rechenoperationen. Statt immer wieder neu auszutüpfteln, was mit der Länge und Breite eines Rechtecks zu tun ist, um dessen Flächeninhalt auszurechnen, sollte man diese Vorgehensweise allgemein aufschreiben. Dies kann in der Form

Fläche = Länge · Breite

geschehen. Wenn man jetzt für die Begriffe Fläche, Länge und Breite die Anfangsbuchstaben der international gültigen, meist aus dem Englischen entlehnten Begriffe verwendet, müsste da

A = l · b

stehen. Eine Formel ist also eine Beschreibung, welche Rechenoperationen auf die zur Berechnung nötigen Bezeichner anzuwenden sind. Deshalb sind Einheiten in Formeln unerwünscht. Als Bezeichner werden griechische Buchstaben verwendet.

Größe/Bezeichner Si-Basiseinheiten in Fettdruck abgeleitet in Normaldruck	Einheiten	Umrechnung
α Winkel (am Rad)	° (Grad)	1° = 60' (Winkelminuten)
β Winkel (am Lenkrad)	° (Grad)	1 ' = 60"
γ (Zündabstands-) Winkel	° (Grad)	(Winkelsekunden)
ε Verdichtungsverhältnis		

Symbol	Bezeichnung	Einheit	Umrechnung
η	Wirkungsgrad		
λ	Luftverhältnis		
μ	Reibung		
π	Kreiszahl	3,14159 ...	
ρ	Dichte	g/cm³	1 g/cm³ = 1 kg/dm³ = 1 t/m³
σ	(Mechanische) Spannung	N/mm²	
a	Beschleunigung (acceleration)	m/s²	
A	Fläche (Area)	mm², cm², dm², m², km²	1 km²=1.000.000 m² =10.000 cm² =100 dm²
b	Breite	mm, cm, dm, m	1 m = 10 dm = 100 cm = 1000 mm
c	Kraftstoffverbrauch (consumption)	l/100 km	
d	Durchmesser, Bohrung	mm, cm	1 cm = 10 mm
E	Energie	Nm, Ws, J, kJ (Joule), kWh	1 Nm = 1 Ws = 1 J 1 kJ = 1000 J 1 kWh = 3600 kJ
f	Frequenz	Hz (Hertz), s^{-1} (1/s)	1 Hz = 1 Schwingung/Sek.
F	Kraft (Force)	N, daN, kN	1 kN = 100 daN 1 daN = 10 N 1 N = 1 kg·m/s²
g	Fallbeschleunigung	9,81 m/s²	
G	Gewichtskraft	N, daN, kN	1 kN = 100 daN 1 daN = 10 N 1 N = 1 kg·m/s²
h	Höhe	mm, cm, dm, m	1 m = 10 dm = 100 cm = 1000 mm

i	Übersetzungsverhältnis		
I	**Stromstärke**	A (Ampere)	1 A = 1000 mA
I$_v$	**Lichtstärke**	cd (**cand**ela)	
J	Stromdichte	A/mm2	
K	Kapazität	Ah (Amperestunde)	
l	**Länge**	mm, cm, dm, m, km	1 Seemeile = 1,852 km 1 Landmeile = 1,609 km 1 km = 1000 m 1 m = 10 dm = 100 cm = 1000 mm 1 Zoll = 25,4 mm
m	**Masse**	g, kg, t (Tonne)	1 t = 1000 kg 1 kg = 1000 g 1 pound (lb) = 453,59 g
M	Drehmoment	Nm (Newtonmeter)	1 N · 1 m = 1 Nm
n	Umdrehungsfrequenz (Drehzahl)	s^{-1} (1/s) min^{-1} (/min)	1 s^{-1} = 60 min^{-1}
p	Druck (**pressure**)	Pa (Pascal) mbar, bar, N/cm², daN/cm²	1 bar = 10 N/cm² 1 bar = 1000 mbar 1 bar = 100.000 Pa
P	Leistung (**Power**)	VA (Volt·Ampere), W (Watt), kW, PS (Pferdestärke) **b**rake **h**orse**p**ower	1 W = 1 J/s = 1 Nm/s = 1 kg· m²/s³ 1 W = 1 VA 1 kW = 1000 W 1 kW = 1,3596 PS 1 PS = 735,5 W 1 bhp = 745,7 W
Q	Wärmemenge	Nm, Ws, J, kJ (Joule)	1 Nm = 1 Ws = 1 J 1 kJ = 1000 J

r	Radius, Hebelarm	mm, cm, dm, m	1 m = 10 dm = 100 cm = 1000 mm
R	Widerstand (**R**esistance)	MΩ, kΩ, Ω, mΩ (Ohm)	1 MΩ = 1000 kΩ 1 kΩ = 1000 Ω 1 Ω = 1000 mΩ
ρ	Spezifischer Widerstand	$\Omega \cdot$mm²/m	
s	Strecke, Hub	mm, cm, dm, m, km	1 km = 1000 m 1 m = 10 dm 1 dm = 10 cm 1 cm = 10 mm
t	**Z**eit (**t**ime)	h, min, s	1 h = 60 min 1 min = 60 s
t	**Temperatur**	°C (Grad Celsius)	0 °C = 32 °F, Wasser gefriert 100 °C = 212 °F, Wasser siedet
T	Periodendauer	s (Sekunde)	
T	**Temperatur**	**K (Kelvin)**	0 °C = 273 K, 100 °C = 373 K
v	Geschwindigkeit (**v**elocity)	km/h	1 m/s = 3,6 km/h 1 km/h = 0,278 m/s
U	Spannung	V (Volt)	1 V = 1000 mV
V	Rauminhalt (**V**olume)	mm³, cm³ (ml), dm³ (Liter), m³, cu.(bic) in.(ch) = Kubikzoll z.B. als Hubraum amerikan. Autos	1 m³ = 1000 dm³ (Liter) 1 dm³ (Liter) = 1000 cm³ (ml) 1 cm³ (ml) = 1000 mm³ 1 barrel = 159 dm³ (Liter) 1 gallon = 3,79 dm³ (Liter)
W	Arbeit (**W**ork)	Nm, Ws, J, kJ (Joule)	1 Nm = 1 Ws = 1 J 1 kJ = 1000 J

◻◻▮▮ Achslastverteilung

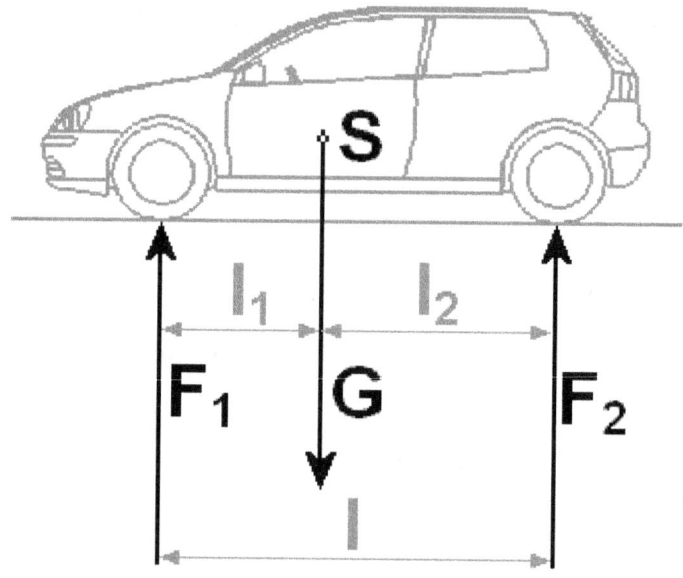

Die Lage des Schwerpunktes bestimmt die einzelnen Achslasten. Sie ist nur im Ruhezustand des Fahrzeugs stabil. Beim Anfahren verschiebt sich der Schwerpunkt nach hinten, beim Bremsen nach vorne und bei Kurvenfahrt wandert er etwas zum kurvenäußeren Rand. Er müsste für jede Situation neu berechnet werden.

Drehpunkt Hinterachse

$$F_1 \cdot l = G \cdot l_2$$

$F_1 = \dfrac{G \cdot l_2}{l}$	$l = \dfrac{G \cdot l_2}{F_1}$	$l_2 = \dfrac{F_1 \cdot l}{G}$	$G = \dfrac{F_1 \cdot l}{l_2}$

Drehpunkt Vorderachse

$$F_2 \cdot l = G \cdot l_1$$

$$F_2 = \frac{G \cdot l_1}{l} \qquad l = \frac{G \cdot l_1}{F_2} \qquad l_1 = \frac{F_2 \cdot l}{G} \qquad G = \frac{F_2 \cdot l}{l_1}$$

G	Gewichtskraft	N
l_1/l_2	Zugehöriger Achsabstand	○ mm ○ cm ○ dm ● m
l	Radstand	○ mm ○ cm ○ dm ● m
F_2/F_1	Achskraft	N

▢▐▌▌ Achs-Nutzlastverteilung

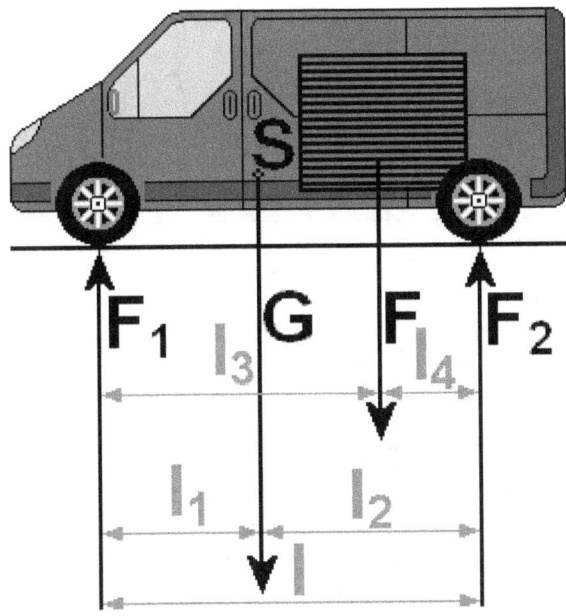

Die Berechnung der Verteilung von Lasten auf die beiden Achsen ist die gleiche wie bei Auflagern (Statik z.B. von Gebäuden). Die Formeln entstehen aus der Überlegung, dass sich die Momente um die beiden Achsen ausgleichen.

$$F_1 = \frac{G \cdot l_2 + F \cdot l_4}{l}$$

$$F_2 = \frac{G \cdot l_1 + F \cdot l_3}{l}$$

G	Gewichtskraft	N
l_1, l_2	Zugehörige Achsabstände	mm, cm, dm, m
F	Nutzlast	N
l	Radstand	mm, cm, dm, m
F_1, F_2	Achskräfte	N
l_3, l_4	Zugehörige Achsabstände	mm, cm, dm, m

▢|‖ Anhalteweg

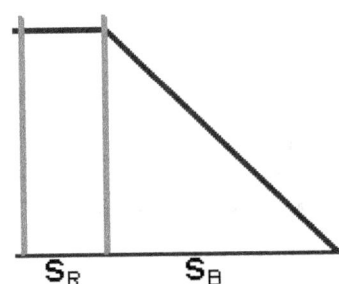

s_R s_B

Der Anhalteweg setzt sich zusammen aus der gleichförmigen Bewegung während der Reaktion (Reaktionsweg) und der verzögerten Bewegung während dem Bremsen (Bremsweg). Bitte beachten Sie die Umrechnung von km/h auf m/s!

	gleichförmige	+	verzögerte Bewegung
$s =$	s_R	$+$	s_B
$s =$	$v \cdot t_R$	$+$	$\dfrac{v^2}{2 \cdot a}$
$s =$	$v \cdot t_R$	$+$	$\dfrac{v \cdot t_B}{2}$

v	Geschwindigkeit	m/s
a	Bremsverzögerung	m/s^2
t_R	Reaktionszeit	s
t_B	Bremszeit	s
s	Anhalteweg	m
s_R	Reaktionsweg	m
s_B	Bremsweg	m

◻❚❚❚ Antriebskraft

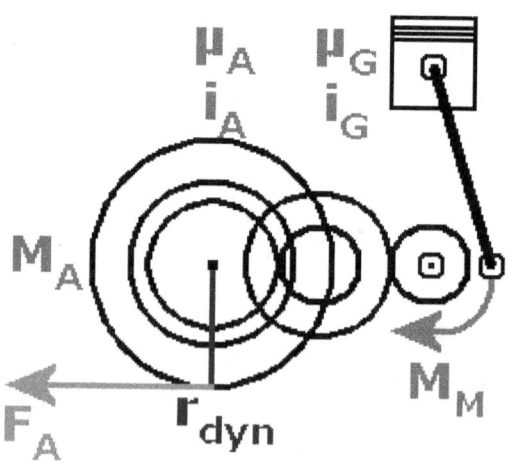

Antriebs-moment	Motor-moment	Getriebe		Achsantrieb	
		Übersetzung	Wirkungsgrad	Übersetzung	Wirkungsgrad

$$M_A = M_M \cdot i_G \cdot \mu_G \cdot i_A \cdot \mu_A$$

Antriebs-moment	Motor-moment	Übersetzung	Wirkungsgrad

$$M_A = M_M \cdot i_{ges} \cdot \mu_{ges}$$

$$F_A = \frac{M_A}{r_{dyn}} \qquad M_A = F_A \cdot r_{dyn} \qquad r_{dyn} = \frac{M_A}{F_A}$$

M_A	Antriebsmoment	Nm
M_M	Motormoment	Nm
F_A	Antriebskraft	N
r_{dyn}	Dynamischer Radradius	M
i_A	Achsantriebsübersetzung	
i_G	Getriebeübersetzung	
μ_A	Achsantriebswirkungsgrad	
μ_G	Getriebewirkungsgrad	

◼︎⫴ Arbeit/Energie

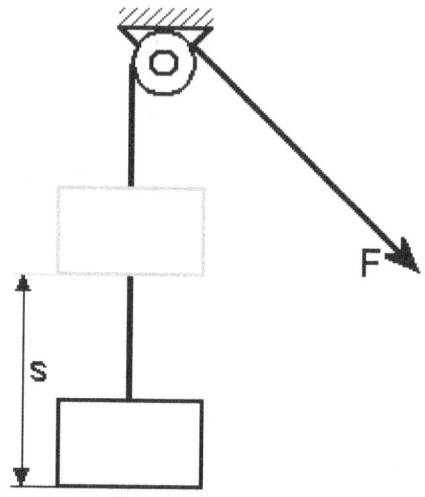

Physikalische Arbeit (W) wird geleistet, wenn ein Körper durch Krafteinwirkung (F) einen bestimmten Weg (s) zurücklegt. Energie ist gespeicherte Arbeit (mit der gleichen Einheit). Sie kann weder erzeugt noch vernichtet, nur umgewandelt werden. Eine Form der Energie ist z.B. die Wärme.

$W = F \cdot s$	$F = \dfrac{W}{s}$	$s = \dfrac{W}{F}$

P	Leistung	W (Nm/s)
t	Zeit	S
W	Arbeit	J (Nm)

Beispiel
Geg.:
F = 530 N; s = 12 m
Ges.:
W = 6144 Nm

 Bogenmaß

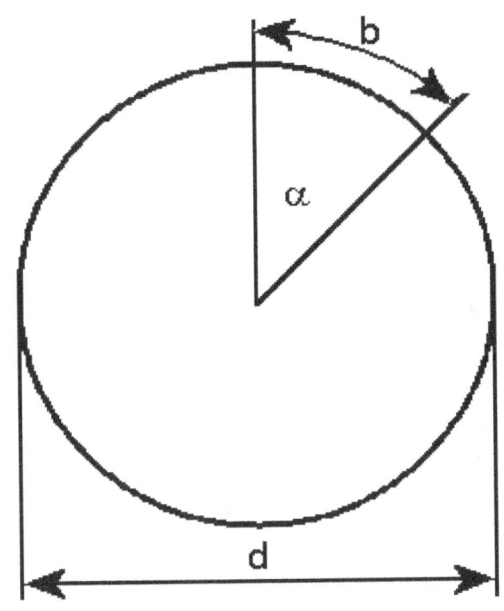

Das Bogenmaß verhält sich wie der zugehörige Winkel. Der Kreisbogen (b) hat den gleichen Anteil am Umfang (d · π), den der zugehörige Winkel α am Umfangswinkel (360°) hat.

$$\frac{b}{d \cdot \pi} = \frac{\alpha}{360°}$$

$$d = \frac{b \cdot 360°}{\alpha \cdot \pi} \qquad \alpha = \frac{b \cdot 360°}{d \cdot \pi} \qquad b = \frac{d \cdot \pi \cdot \alpha}{360°}$$

d	Durchmesser	mm, cm, dm, m
α	Winkel	° (Grad)
b	Bogenmaß	mm, cm, dm, m

Beispiel

Geg.: d = 115 mm; α = 25°

Ges.: b in m

Lösung:

$$b = \frac{d \cdot \pi \cdot \alpha}{360°}$$

$$= \frac{115 \text{ mm} \cdot 3,14 \cdot 25°}{360°}$$

$$= \underline{25,08}$$

▢▍▎ Spannkraft (Bremse)

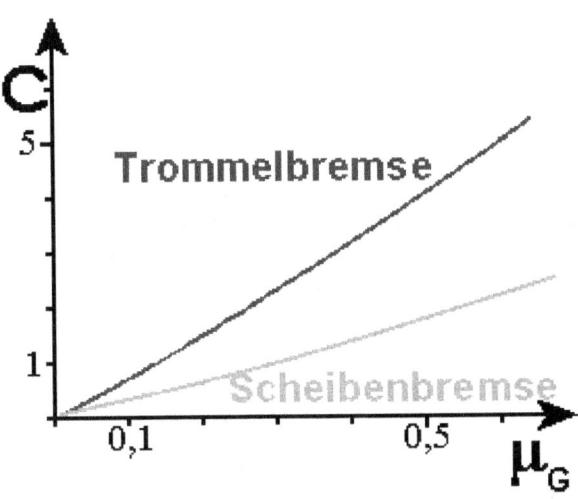

Das Diagramm beweist einmal mehr die größere Selbstverstärkung der Trommelbremse. Da die Umfangskraft proportional zur Spannkraft und zum Bremskennwert ist, kann sie bei bei gleicher Gleitreibungszahl einen höheren Bremskennwert und damit mehr Umfangskraft erzeugen.

$F_U = C \cdot F_S$	$C = \dfrac{F_U}{F_S}$	$F_S = \dfrac{F_U}{C}$

F_S	Spannkraft	N
C	Bremskennwert	
F_U	Umfangskraft	N

▢❘❘❘ Bremskraft

1. Trommelbremse

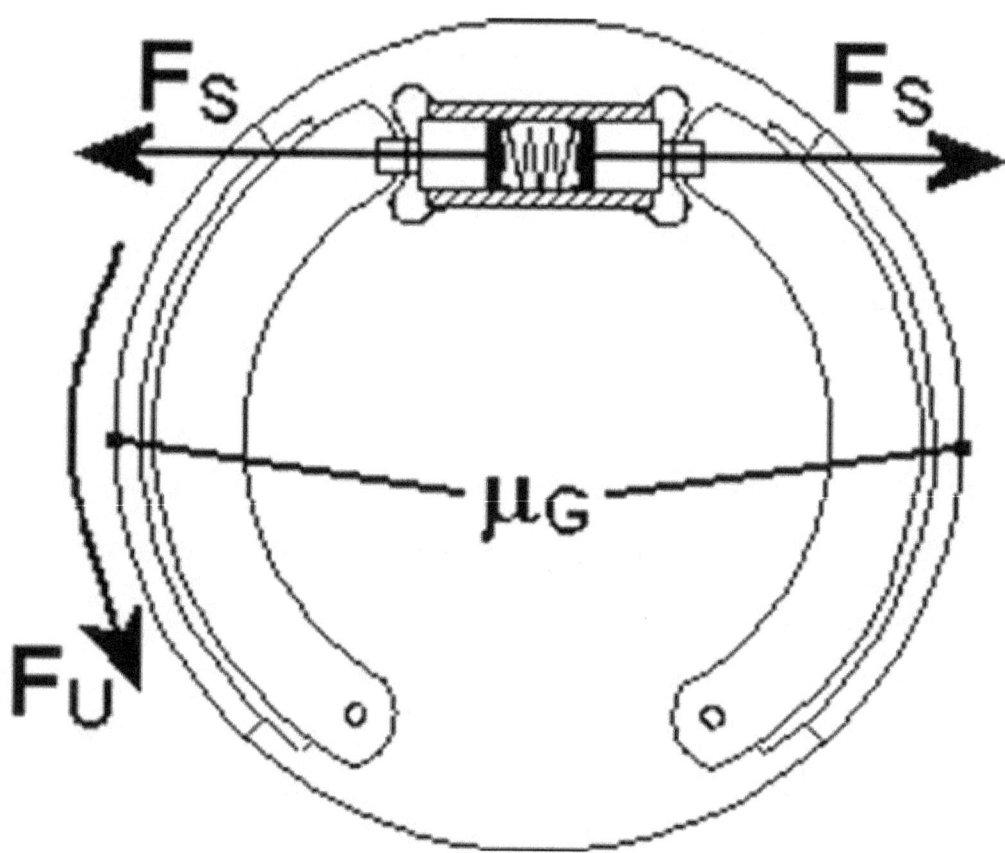

Hier soll die Bremskraft am wirksamen Durchmesser ermittelt werden. Dieser kann als der Abstand der Belagmitte (Scheibenbremse) oder der Belagoberfläche (Trommelbremse) zum Radmittelpunkt angenommen werden. Er hängt von der Spannkraft und von der Haftreibung (blockierendes Rad) bzw. Gleitreibung (drehendes Rad) zwischen Belag und Scheibe/Trommel ab.

Bei den Formeln wird davon ausgegangen, dass jeweils eine Spannkraft je Belag/Bremsbacke, also insgesamt zwei Spannkräfte wirksam sind. Sonst muss der Faktor '2' in der Formel entsprechend geändert werden.

Bremskraft am nicht blockierenden Rad:

$$F_U = 2 \cdot F_S \cdot \mu_G$$

$$\mu_G = \frac{F_U}{2 \cdot F_S}$$

$$F_S = \frac{F_U}{2 \cdot \mu_G}$$

F_S	Spannkraft	N
μ_G	Gleitreibungszahl	
F_U	Umfangskraft	N

▢▌▌▌ Bremspedal

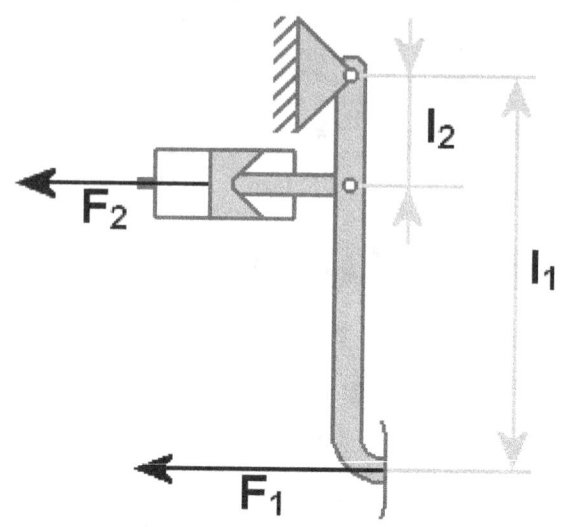

Das Drehmoment gebildet aus Kraft am Pedal und Abstand Pedal - Drehpunkt ist gleich dem Drehmoment gebildet aus Kraft an der Kolbenstange und Abstand Kolbenstange - Drehpunkt.

$F_1 \cdot l_1 = F_2 \cdot l_2$			
$F_1 = \dfrac{F_2 \cdot l_2}{l_1}$	$F_2 = \dfrac{F_1 \cdot l_1}{l_2}$	$l_1 = \dfrac{F_2 \cdot l_2}{F_1}$	$l_2 = \dfrac{F_1 \cdot l_1}{F_2}$

F_1	Kraft am Pedal	N, kN
F_2	Kraft an der Kolbenstange	N, kN
l_1	Abstand Pedal-Drehpunkt	mm, cm, dm, m
l_2	Abstand Kolbenstange - Drehpunkt	mm, cm, dm, m

▢▍▍ Radbremskraft

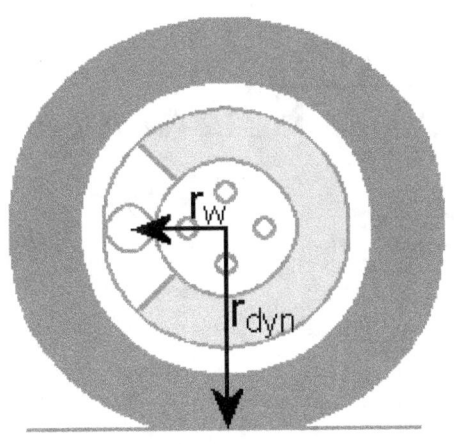

Wer die Bremskraft am Rad bestimmen will, muss die an den Belägen wirksame Bremskraft kennen. Diese verringert sich in dem Maße, wie der dynamische Radhalbmesser größer als der wirksame Durchmesser ist. Bei der Trommelbremse entspricht dieser dem Abstand von der Innenseite der Trommel zur Radmitte.

$$F_R = \frac{F_W \cdot r_W}{r_{dyn}}$$

$$F_W = \frac{F_R \cdot r_{dyn}}{r_W}$$

$$r_W = \frac{F_R \cdot r_{dyn}}{F_W}$$

$$r_{dyn} = \frac{F_W \cdot r_W}{F_R}$$

F_R	Radbremskraft	N
F_W	Wirksame **Bremskraft**	N
r_{dyn}	Radhalbmesser	mm, cm, dm, m
r_W	Wirksamer **Halbmesser**	mm, cm, dm, m

Beschleunigung/Verzögerung

Besonders kleine Beschleunigungssensoren

![Zwei Bosch Beschleunigungssensoren BMA 120 und BMA 220 mit Größenangaben 3 mm und 2 mm, © Bosch]

Die Bremsverzögerung oder die Beschleunigung ist die Änderung der Geschwindigkeit in einer bestimmten Zeiteinheit.

29

$a = \dfrac{v}{t}$	$v = a \cdot t$	$t = \dfrac{v}{a}$

a	Verzögerung/Beschleunigung	m/s^2
v	Ausgangs-/Endgeschwindigkeit	m/s
t	Brems-/Beschleunigungszeit	s

◻▌▍▎ Beschleunigungs-/Bremsweg

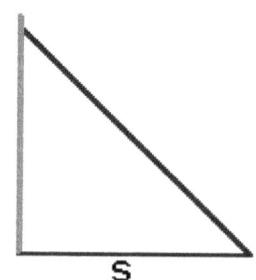

Der Bremsweg oder auch der Beschleunigungsweg ist der während einer bestimmten, gleichmäßigen Geschwindigkeitsänderung pro Zeiteinheit zurückgelegte Weg.

$$s = \frac{v^2}{2 \cdot a} \qquad v = \sqrt{2 \cdot s \cdot a} \qquad a = \frac{v^2}{2 \cdot s}$$

v	Ausgangs-/Endgeschwindigkeit	m/s
a	Verzögerung/Beschleunigung	m/s^2
s	Brems-/Beschleunigungsweg	m

$$s = \frac{a \cdot t^2}{2} \qquad v = \sqrt{2 \cdot s \cdot a} \qquad a = \frac{2 \cdot s}{t^2}$$

v	Ausgangs-/Endgeschwindigkeit	m/s
a	Verzögerung/Beschleunigung	m/s^2
t	Brems-/Beschleunigungszeit	s

$$s = \frac{v \cdot t}{2} \qquad v = \frac{2 \cdot s}{t} \qquad t = \frac{2 \cdot s}{v}$$

v	Ausgangs-/Endgeschwindigkeit	m/s
t	Brems-/Beschleunigungszeit	s
s	Brems-/Beschleunigungsweg	m

Beispiel

Geg.:

a = 9,3 m/s²; v = 90 km/h = 25 m/s

Ges.:

s in m

Lösung:

$$s = \frac{v^2}{2 \cdot a} =$$

$$\frac{25^2 \ m^2/s^2}{2 \cdot 9,3 \ m/s^2} = \underline{33,6 \ m}$$

▢◫ Beschleunigungs-/Bremsweg

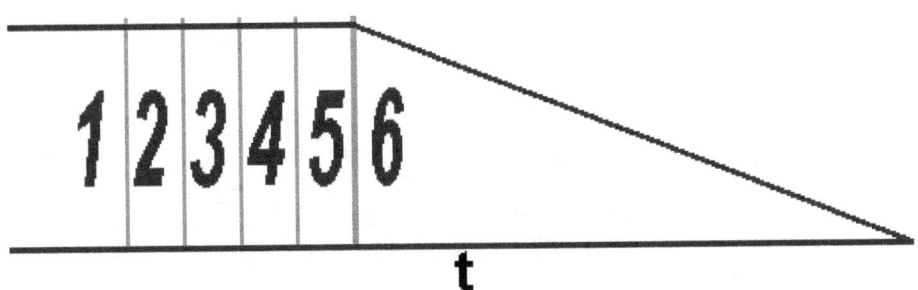

1 Fahrsituation

2 Wahrnehmung

3 Schrecksekunde

4 Reaktionssekunde

5 Betätigung

6 Bremsvorgang

Die Bremszeit ist die während einer bestimmten, gleichmäßigen Geschwindigkeitsänderung pro Zeiteinheit vergangene Zeit.

$$t = \frac{2 \cdot s}{v} \qquad s = \frac{v \cdot t}{2} \qquad v = \frac{2 \cdot s}{t}$$

v	Ausgangsgeschwindigkeit	m/s, km/h
s	Brems-/Beschleunigungsweg	m, km
t	Brems-/Beschleunigungszeit	s, h

$$t = \sqrt{\frac{2 \cdot s}{a}} \qquad s = \frac{a \cdot t^2}{2} \qquad a = \frac{2 \cdot s}{t^2}$$

a	Beschleunigung/Verzögerung	m/s², km/h
s	Brems-/Beschleunigungsweg	m, km
t	Brems-/Beschleunigungszeit	s, h

Beispiel

Geg.:

s = 44,3 m; v = 100 km/h = 27,78 m/s

Ges.:

t in s

Lösung

$$t = \frac{2 \cdot s}{v} =$$

$$\frac{2 \cdot 44,3 \text{ m}}{27,78 \text{ m/s}} = \underline{3,189 \text{ s}}$$

 # CO₂-Emission

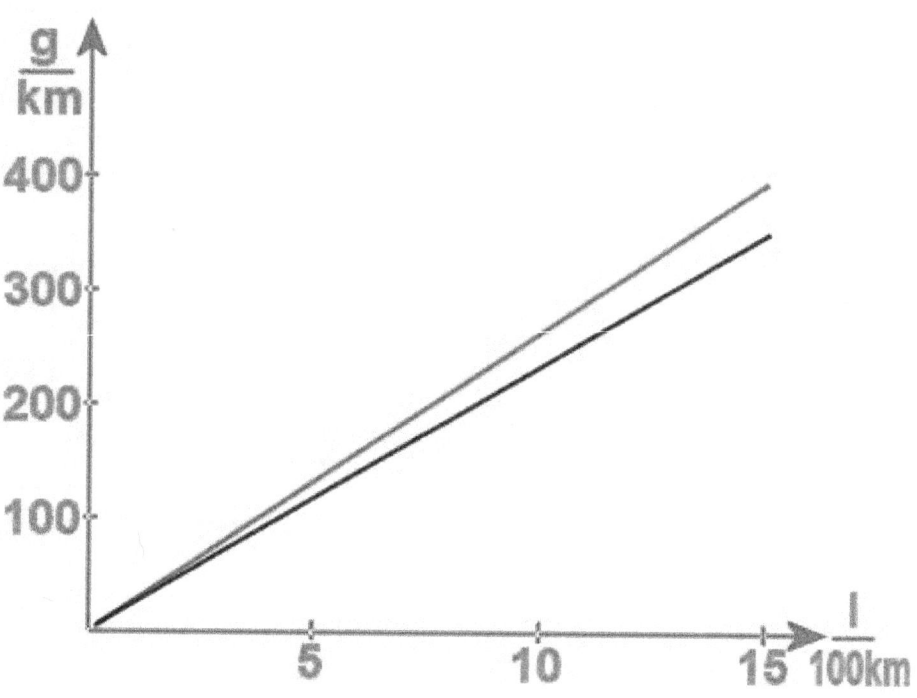

Wie Sie an dem Diagramm erkennen, kann man die Kohlendioxid-Emission pro Kilometer direkt in den streckenbezogenen Verbrauch in Liter pro 100 Kilometer umrechnen. Er unterscheidet sich nur zwischen Diesel (im Diagramm rot) und Benzin (im Diagramm blau). Leichte Differenzen zwischen den Werten verschiedener Hersteller sind je nach zugrunde gelegter Dichte des Kraftstoffs und Anteil der Kohlenstoffmasse möglich.

Verbrauch Diesel	l/100km*
Verbrauch Benzin	l/100km*
CO_2-Emission	g/km*

* Mittelwerte, leichte Abweichungen einzelner Hersteller sind möglich.

◻❚❚❚ Dichte

Feste Stoffe							
Fe	Eisen	7,86	g/cm³	Sn	Zinn	7,31	g/cm³
GG	Grauguss	7,25	g/cm³	Ag	Silber	10,49	g/cm³
Al	Aluminium	2,7	g/cm³	Au	Gold	19,32	g/cm³
Mg	Magnesium	1,74	g/cm³	Pt	Platin	21,45	g/cm³
	Flüssigkeiten				**Gase**		
	Benzin	0,76	g/cm³		Luft	1,29	kg/m³
	Diesel	0,85	g/cm³	H	Wasserstoff	0,09	kg/m³
H_2O	Wasser	1	g/cm³	O	Sauerstoff	1,43	kg/m³

Die Dichte gibt an, wie viel ein bestimmtes Volumen eines Stoffes wiegt. Sie ermöglicht einen Vergleich der Massen verschiedener Stoffe.

$\rho = \dfrac{m}{V}$	$m = V \cdot \rho$	$V = \dfrac{m}{\rho}$

m	Masse	⦿ g ◦ kg
V	Volumen	⦿ cm³ ◦ dm³
ρ	Dichte	◦ g/cm³ ◦ kg/dm³

Leichtmetalle < 5 g/cm³
Schwermetalle > 5 g/cm³

Bei Erwärmung nimmt die Dichte ab,
bei Abkühlung nimmt sie zu.

◻▥ Drehmoment

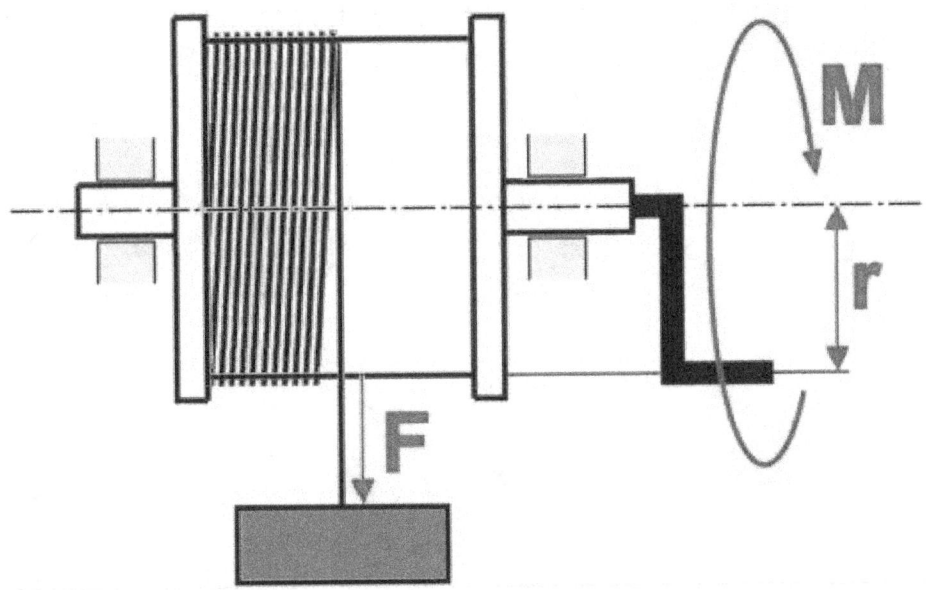

Mögliche Anzugsdrehmomente in **Nm**			
Bolzen	6.9	8.8	10.9	12.9
M 8	19,6	24,5	34,3	39,2
M 10	39,2	44,1	63,8	78,5
M 12	68,7	78,5	113,0	137,0
M 14	108,0	128,0	181,0	216,0

Kraft, die an einem Hebelarm ansetzt, bewirkt eine Drehbewegung. Je länger der Hebelarm und/oder je größer die Kraft, um so größer ist die Drehkraft (das Drehmoment).

M Drehmoment	**Nm** (Newton · Meter)
M Drehmoment	**ft·lbs** (foot · pound)

1 foot·pound (ft·lbs) = 1,35 Nm
1 Nm = 0,74 ft·lbs

$M = F \cdot r$	$F = \dfrac{M}{r}$	$r = \dfrac{M}{F}$

F	Kraft	N
r	Hebelarm	m
M	Drehmoment	Nm

$M = \dfrac{P_e \cdot 9550}{n}$	$P_e = \dfrac{M \cdot n}{9550}$	$n = \dfrac{P_e \cdot 9550}{M}$

P	Leistung	kW
n	Drehzahl	/min
M	Drehmoment	Nm

Wie erklärt sich die Zahl 9550?	
$P = F \cdot v$	Wir gehen von dieser Formel aus.
$P = \dfrac{F \cdot d \cdot \pi \cdot n}{60}$	Die Geschwindigkeit v wird ersetzt durch die Drehzahl n mal dem Kreisumfang d · π. Die Drehzahl wird pro Minute, die Geschwindigkeit pro Sekunde gemessen. Dadurch ergibt sich die Teilung durch 60.
$P = \dfrac{M \cdot 2 \cdot \pi \cdot n}{60}$	Der Durchmesser d wird durch den doppelten Radius 2 · r ersetzt. Dann ergibt sich das Drehmoment M aus der Kraft mal dem Radius F · r.
$P = \dfrac{M \cdot n}{9550}$	Soll die Leistung in kW ausgegeben werden, kommt unter dem Bruchstrich der Faktor 1000 hinzu. 1000 · 60 / 2 · π ergibt dann den Umrechnungsfaktor 9550, wenn man π als 3,14 nimmt und entsprechend abrundet.

$M_2 = M_1 \cdot i$	$M_1 = \dfrac{M_2}{i}$	$i = \dfrac{M_2}{M_1}$

i	Übersetzung	
M_1	Drehmoment (Eingang)	Nm
M_2	Drehmoment (Ausgang)	Nm

▭❚❚❚ Druck

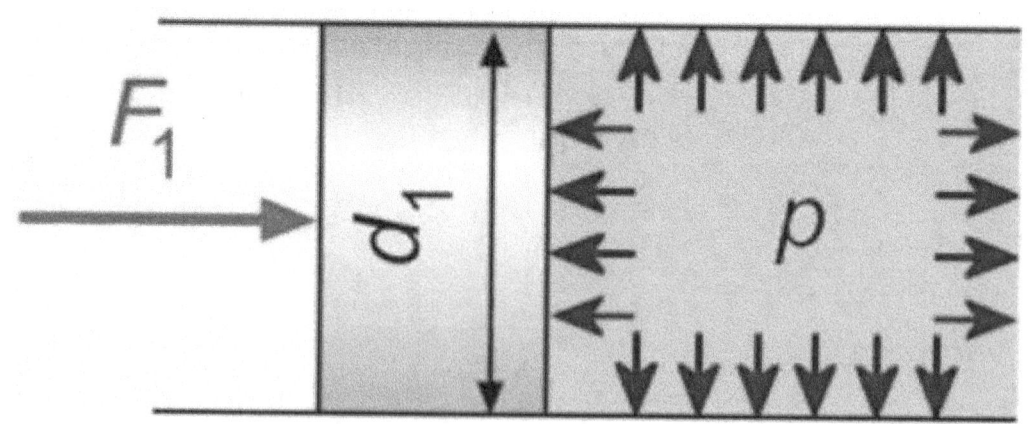

Der Druck entspricht der Kraft, die senkrecht auf die Flächeneinheit wirkt. Hier wird die Kraft auf die gedrückte Fläche bezogen, also durch die Fläche geteilt. Beim Absolutdruck geht man von 0 bar aus.

Dies ist gleichzeitig auch der maximal (theoretisch) erreichbare Unterdruck. Auf Meereshöhe herrscht Atmosphärendruck von genau 1013 hPa. Alle Messgeräte und -werte in der Technik geben den Relativdruck an. Dieser geht aus vom Atmosphärendruck.

$$p = \frac{F}{A} \qquad F = p \cdot A \qquad A = \frac{F}{p}$$

d	Durchmesser	mm, cm, dm, m
A	Fläche	mm^2, cm^2, dm^2, m^2
F	Kraft	N, daN, kN
p	Druck	bar

Andere Einheiten:
1 bar = 10 N/cm²
1 Pascal = 1 N/m²
1 bar = 100.000 Pascal (Pa)
1 bar = 1.000 Hektopascal (hPa)
1 mbar = 1 Hektopascal (hPa)

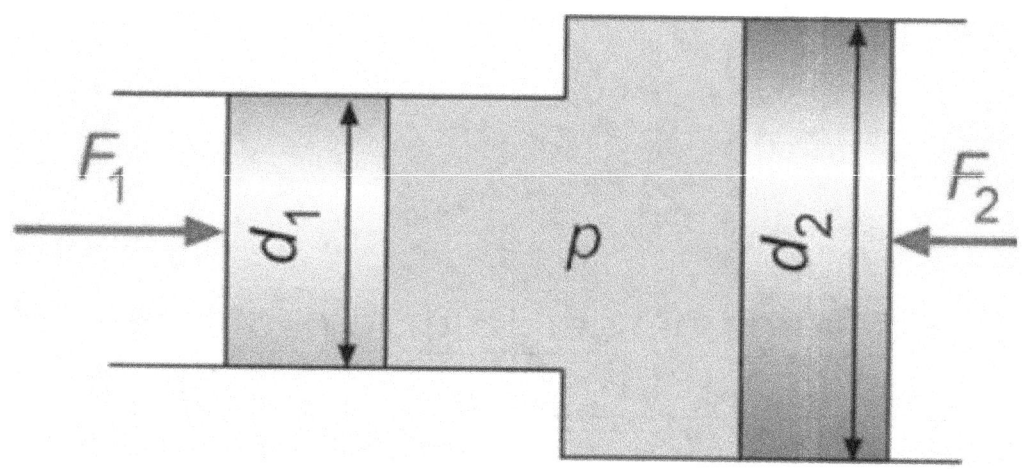

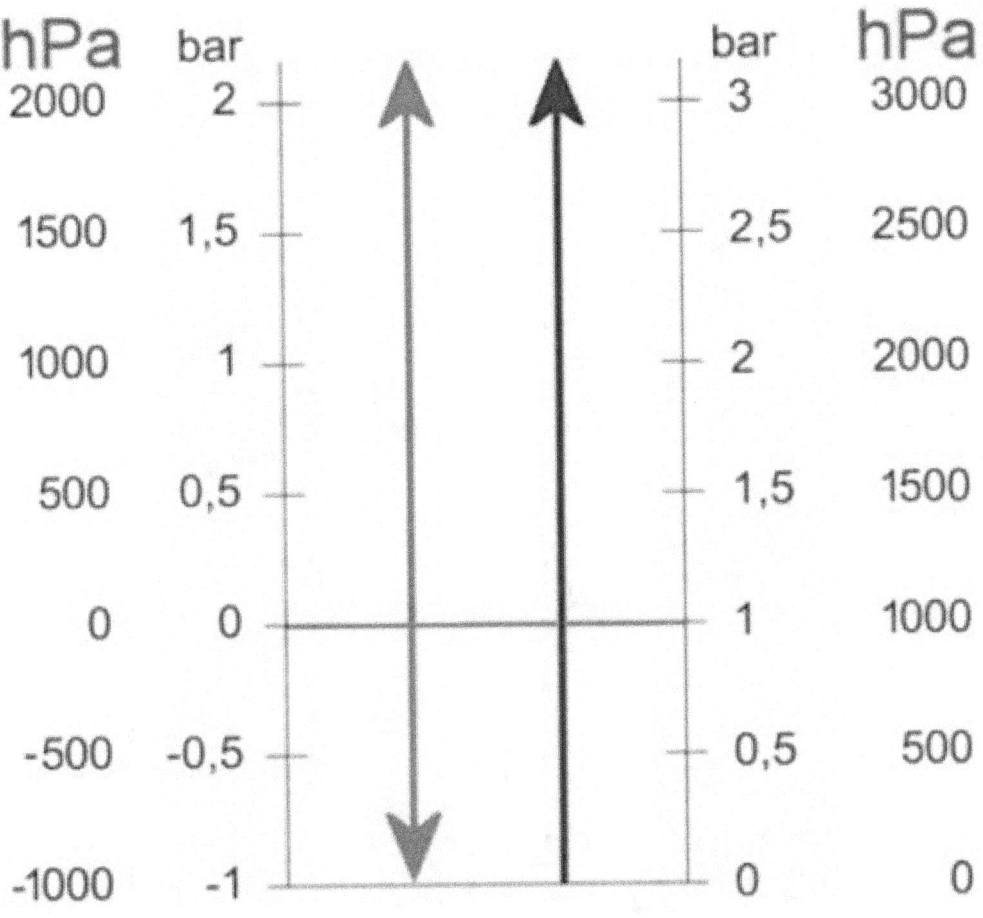

hPa	bar		bar	hPa
2000	2		3	3000
1500	1,5		2,5	2500
1000	1		2	2000
500	0,5		1,5	1500
0	0		1	1000
-500	-0,5		0,5	500
-1000	-1		0	0

Relativdruck
Unterdruck, **Absolutdruck**
negativer Überdruck

Luftdruck und Temperatur sinken in größerer Höhe.

⬛❙❙❙ Einspritzmenge

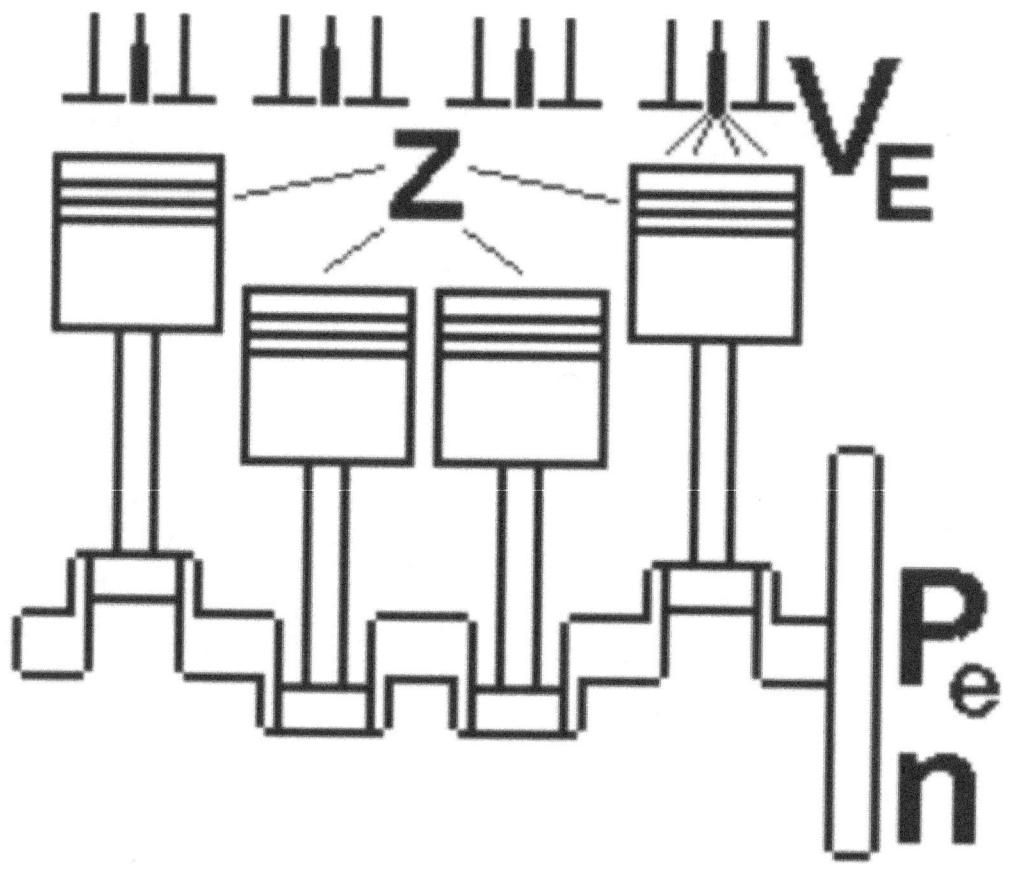

Wenn man die Reichweite eines modernen Fahrzeugs ansieht und diese auf die Umdrehungen des Motors oder sogar auf jeden einzelnen Zylinder bezieht, dann wird da ein unvorstellbar kleines Volumen vor jedem Arbeitstakt eingespritzt. Die Leistung moderner Technik wird vollends deutlich, wenn sich die Mengen bei verschiedenen Gaspedalstellungen nur um Bruchteile eines Kubikmillimeters unterscheiden.

Viertaktmotor

$$V_E = \frac{P_e \cdot b_e \cdot 1000}{P \cdot n \cdot z \cdot 30^*}$$

$$n = \frac{P_e \cdot b_e \cdot 1000}{V_E \cdot P \cdot z \cdot 30^*}$$

$$P_e = \frac{V_E \cdot P \cdot n \cdot z \cdot 30^*}{b_e \cdot 1000}$$

$$b_e = \frac{V_E \cdot P \cdot n \cdot z \cdot 30^*}{P_e \cdot 1000}$$

* **beim Zweitaktmotor hier 60 einsetzen!**

P_e	Effektive Leistung	kW
n	Motordrehzahl	/min
z	Zylinderzahl	
b_e	Spezifischer Kraftstoffverbrauch	g/kWh
ρ	Dichte des Kraftstoffes	g/cm^3
V_E	Einspritzmenge	mm^3

⬛▮▮ Elektrische Leistung

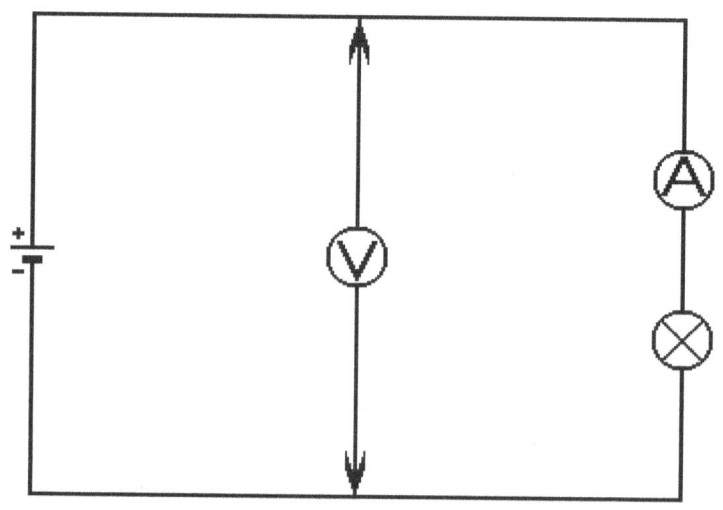

Elektrische Leistung ist proportional zur Spannung und zur Stromstärke, d.h. wächst einer der beiden Werte mit einem bestimmten Faktor, so wächst die Leistung mit dem gleichen Faktor.

$$P = U \cdot I \qquad U = \frac{P}{I} \qquad I = \frac{P}{U}$$

U	Spannung	V (Volt)
I	Stromstärke	A (Ampere)
P	Leistung	W (Watt)

▢▥ Fahrgeschwindigkeit

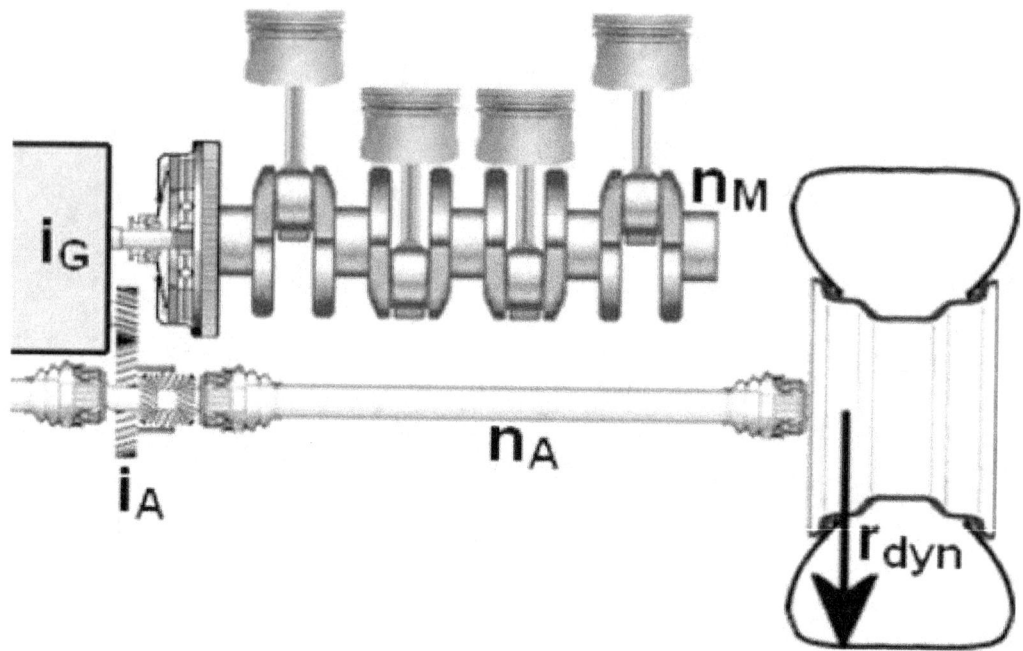

Die Fahrgeschwindigkeit kann aus der Drehzahl der Antriebsachse direkt oder aus der Motordrehzahl und den Übersetzungsverhältnissen von Getriebe und Achsantrieb berechnet werden. In jedem Fall ist dazu der dynamische Radhalbmesser nötig. Dazu müsste eigentlich der Abstand zwischen Radmitte und Fahrbahn bei der entsprechenden Fahrgeschwindigkeit ermittelt werden, denn dieser Abstand wird mit zunehmender Geschwindigkeit größer.

$$v = \frac{2 \cdot r_{dyn} \cdot \pi \cdot n_A \cdot 60}{1000}$$

$$r_{dyn} = \frac{v \cdot 1000}{2 \cdot \pi \cdot n_A \cdot 60}$$

$$n_A = \frac{v \cdot 1000}{2 \cdot \pi \cdot r_{dyn} \cdot 60}$$

n_A	Antriebsraddrehzahl	/min
r_{dyn}	Radhalbmesser	m
v	Fahrgeschwindigkeit	km/h

$$v = \frac{2 \cdot r_{dyn} \cdot \pi \cdot n_M \cdot 60}{i_G \cdot i_A \cdot 1000}$$

$$r_{dyn} = \frac{v \cdot i_G \cdot i_A \cdot 1000}{2 \cdot \pi \cdot n_M \cdot 60}$$

$$n_M = \frac{v \cdot i_G \cdot i_A \cdot 1000}{2 \cdot \pi \cdot r_{dyn} \cdot 60}$$

n_M	Motordrehzahl	/min
r_{dyn}	Radhalbmesser	m
i_G	Getriebeübersetzung	
i_A	Achsantriebübersetzung	
v	Fahrgeschwindigkeit	km/h

▣||| Fliehkraft

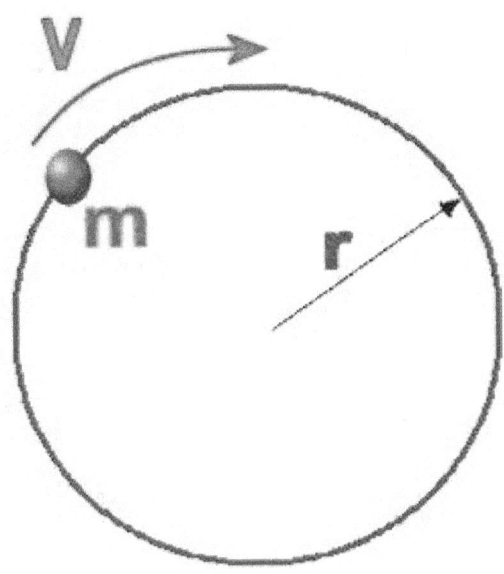

Eigenartigerweise definiert die Physik zunächst die Zentripetalkraft, die zum Mittelpunkt hin gerichtet ist und bezeichnet diese als die 'einzig wirkende' Kraft. Als Beobachter nimmt man natürlich bei einem aus der Kurve geworfenen Fahrzeug die Zentrifugal- oder Fliehkraft wahr.

$$F = m \cdot \dfrac{v^2}{r}$$	$$r = m \cdot \dfrac{v^2}{F}$$	$$m = \dfrac{F \cdot r}{v^2}$$
$$v = \sqrt{\dfrac{F \cdot r}{m}}$$		

m	Masse	kg
r	Radius	m
v_u	Geschwindigkeit	m/s, km/h
F	Fliehkraft	N

◨|| Mittlere Gasgeschwindigkeit

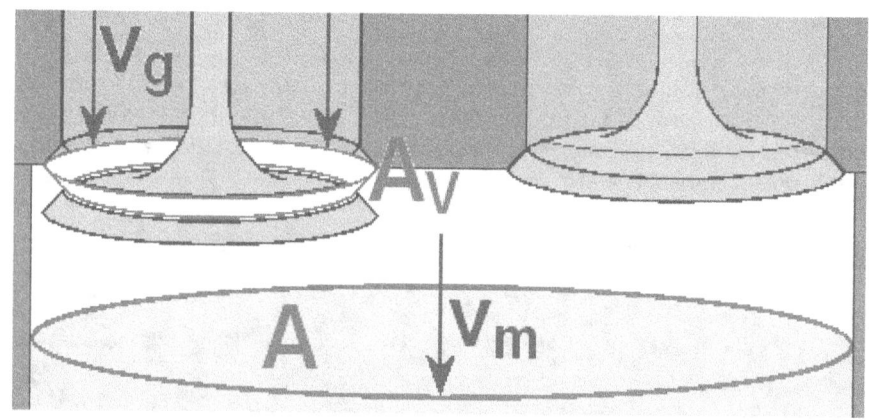

Wenn man einmal den Querschnitt der Ventilöffnung ermittelt hat, kann man ihn zum Zylinderquerschnitt ins Verhältnis setzen. Unter der Annahme, dass genau die durch den Kolben verdrängten Gase den Zylinder verlassen bzw. angesaugt werden, ist das Verhältnis der Querschnitte exakt umgekehrt dem der mittleren Geschwindigkeiten.

$$\frac{v_g}{v_m} = \frac{A}{A_v}$$

$$v_g = \frac{v_m \cdot A}{A_v}$$

$$A_v = \frac{v_m \cdot A}{v_g}$$

$$A = \frac{v_g \cdot A_v}{v_m}$$

$$v_m = \frac{v_g \cdot A_v}{A}$$

A	Zylinderquerschnittsfläche	mm^2, cm^2, dm^2
A_V	Ventilöffnungsfläche	mm^2, cm^2, dm^2
v_m	Mittlere Kolbengeschwindigkeit	m/s
v_G	Gasgeschwindigkeit	m/s

▢▍▎▍ Geschwindigkeit

Die Geschwindigkeit bezieht den zurückgelegten Weg auf die Zeit. Der Weg muss also durch die Zeit geteilt werden.

Bitte beachten Sie die Umrechnung von m/s auf km/h.

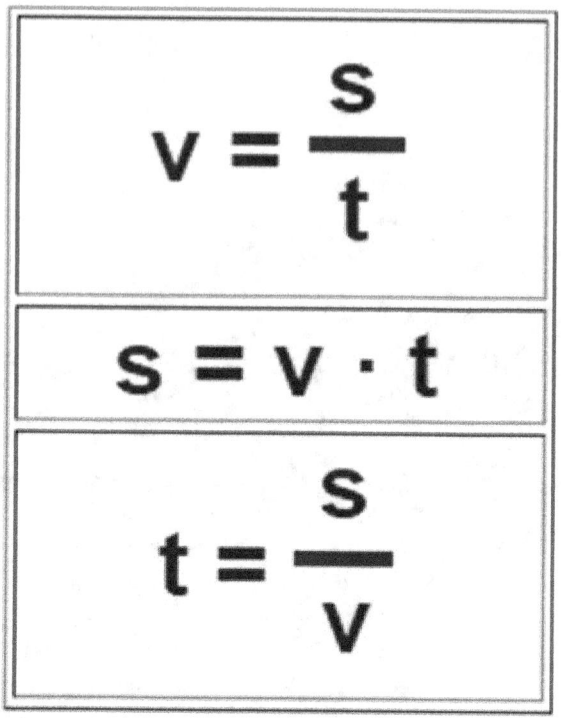

$$v = \frac{s}{t}$$

$$s = v \cdot t$$

$$t = \frac{s}{v}$$

s	Strecke	m, km
t	Zeit	s, h
v	Geschwindigkeit	m/s, km/h

◻▐▐▌ Gleichachsige Getriebe

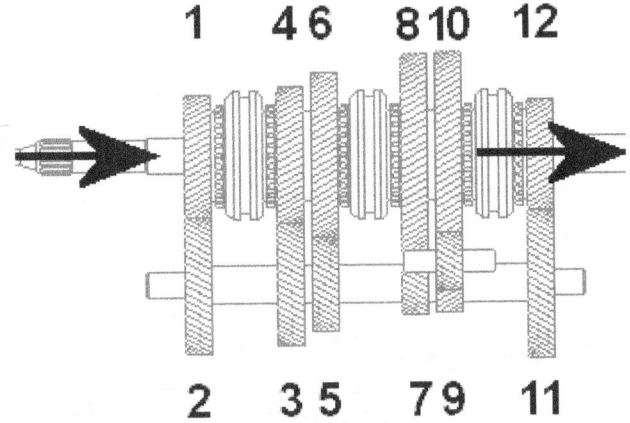

Der Motor treibt das Getriebe oben links über die Eingangswelle an. Bei allen Gängen außer dem vierten wird das Drehmoment zunächst über z_1 und z_2 auf die Vorgelegewelle übertragen. Je nach Vorwärtsgang ist dann ein weiterer Zahnradtrieb mit zwei Zahnrädern beteiligt. Beim Rückwärtsgang (9, 10) kommt ein Zwischenrad hinzu, das aber nicht in die Berechnung eingeht. Oben rechts geht es dann weiter, meist zur Kardanwelle.

$$i_1 = \frac{z_2 \cdot z_8}{z_1 \cdot z_7}$$

$$i_2 = \frac{z_2 \cdot z_6}{z_1 \cdot z_5}$$

$$i_3 = \frac{z_2 \cdot z_4}{z_1 \cdot z_3}$$

$$i_5 = \frac{z_2 \cdot z_{12}}{z_1 \cdot z_{11}}$$

$$i_R = \frac{z_2 \cdot z_{10}}{z_1 \cdot z_9}$$

$z_1, z_3, z_5, z_7,$ z_9, z_{11}	Zähnezahlen der treibenden Räder
$z_2, z_4, z_6, z_8,$ z_{10}, z_{12}	Zähnezahlen der getriebenen Räder
i	Übersetzungsverhältnis

◻▮▮▮ Hebelübersetzung

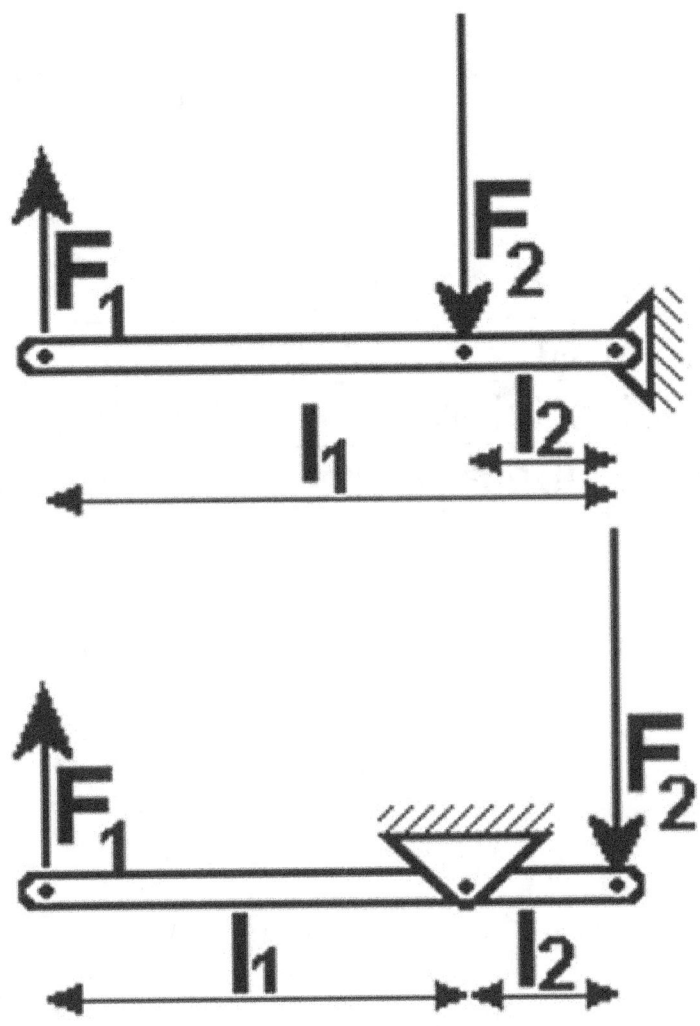

Im oberen einseitigen Hebel und im unteren zweiseitigen Hebel muss das rechtsseitige Drehmoment gleich dem linksseitigen Drehmoment sein. Diese Drehmomente sind das Produkt aus Kraft und Hebelarm. Der Hebelarm wird zwischen dem Kraftansatz und dem Drehpunkt gemessen.

$$F_1 \cdot l_1 = F_2 \cdot l_2$$

$$F_1 = \frac{F_2 \cdot l_2}{l_1} \qquad F_2 = \frac{F_1 \cdot l_1}{l_2} \qquad l_1 = \frac{F_2 \cdot l_2}{F_1} \qquad l_2 = \frac{F_1 \cdot l_1}{F_2}$$

F_1	Kraft	N, kN
F_2	Kraft	N, kN
l_1	Hebelarm	mm, cm, dm, m
l_2	Hebelarm	mm, cm, dm, m

▣‖‖ Hohlzylinder

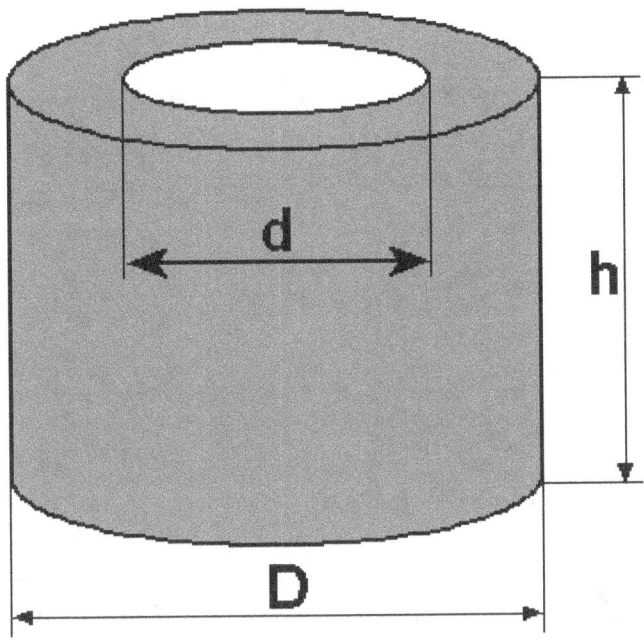

Das Volumen des Hohlzylinders wird wie bei allen Körpern, deren Seitenflächen senkrecht auf der Grundfläche und deren untere und obere Flächen parallel sind, aus der (in diesem Fallkreisringförmigen) Grundfläche und der Höhe berechnet.

$$V = \frac{(D^2 - d^2) \cdot h \cdot \pi}{4}$$

$$d = \sqrt{D^2 - \frac{4 \cdot V}{\pi \cdot h}}$$

$$D = \sqrt{d^2 + \frac{4 \cdot V}{\pi \cdot h}}$$

d	Innerer Durchmesser	mm, cm, dm, m
D	Äußerer Durchmesser	mm, cm, dm, m
A	Grundfläche	mm^2, cm^2, dm^2, m^2
H	Höhe	mm, cm, dm, m
V	Volumen	mm^3, cm^3, dm^3, m^3

◻▌▎ Hub-Bohrung-Verhältnis

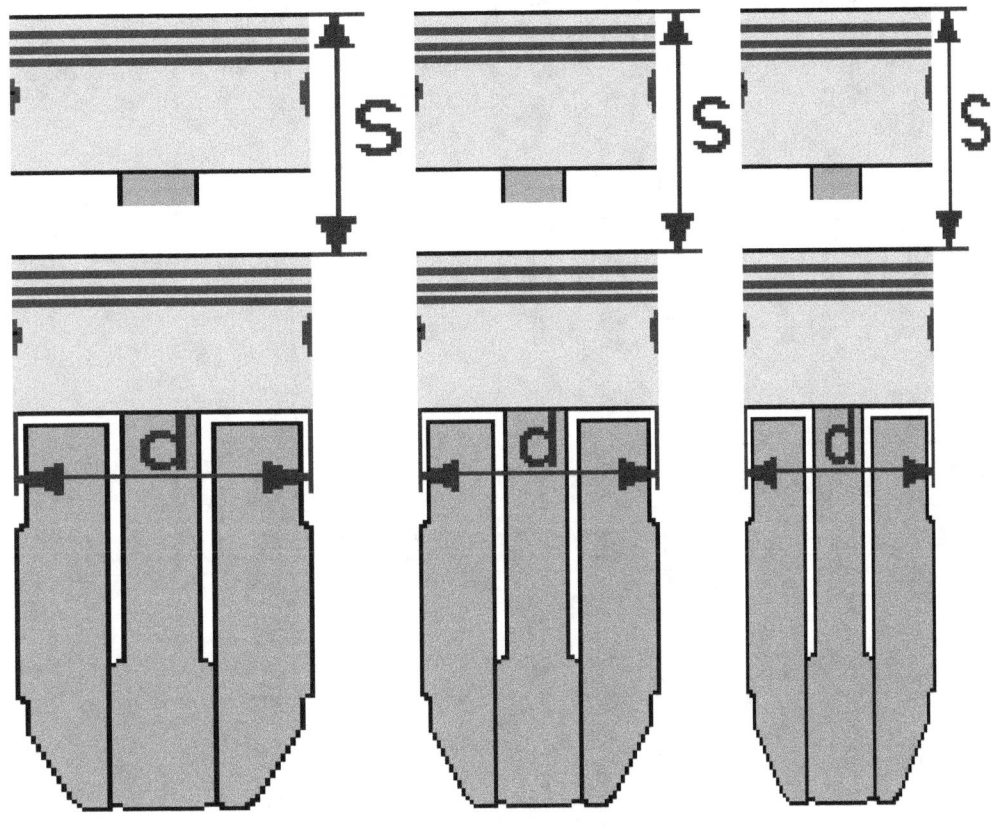

Kurzhuber, quadratisch ausgelegte, Langhuber

Der Hub wird mit der Bohrung verglichen. Dieses Hub-Bohrungs-Verhältnis hat Einfluss auf das Betriebsverhalten des Motors. Während der Kurzhuber (Bild links) weniger Hub als Bohrung hat, ist dies beim Langhuber (Bild rechts) umgekehrt. Sind beide ungefähr gleich, so spricht man von einem quadratischen Querschnitt.

Besonders kurzhubige Motoren in der Formel 1

Während langhubige Motoren eher mit Drehmoment im unteren Drehzahlbereich glänzen, sind kurzhubige zu einem besonders hohen Drehzahlniveau und großen Ventilöffnungen fähig. Extremes Beispiel ist die aktuelle (2007) Formel 1 mit 2,4 Liter-V8 und etwa 98 mm Bohrung und 40 mm Hub. Letzterer sorgt dafür, dass die mittlere Kolbengeschwindigkeit trotz einer Maximaldrehzahl von 19.000 /min die mittlere Kolbengeschwindigkeit nicht wesentlich über 25 m/s ansteigt. Um das Gewicht der Kolben gering zu halten, gibt es keinen Ölabstreifring, fast keinen Kolbenschaft und einen Kolbenbolzen, der stark verkürzt unmittelbar unter dem Kolbenboden angebracht ist.

$$s/d = \frac{s}{d}$$

s	Kolbenhub	mm, cm, dm
d	Kolbendurchmesser	mm, cm, dm
s/d	Hub-Bohrungs-Verhältnis	

▢❙❙❙ Hubraum

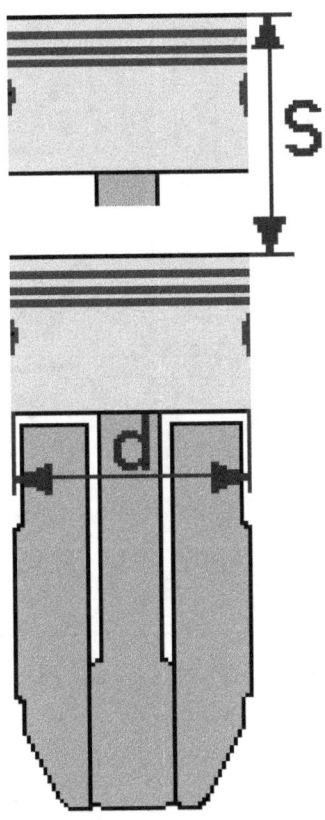

Der Einzelhubraum wird berechnet wie das Volumen des Zylinders. Hier wird allerdings für die Zylinderhöhe s angenommen, der Abstand zwischen dem oberen und dem unteren Totpunkt. Es handelt sich also um einen gedachten Zylinder zwischen den beiden Kolbenstellungen. Der Hubraum ist also ausschließlich vom Zylinderdurchmesser und der Kröpfung der Kurbelwelle abhängig.

Der größte **Gesamt**hubraum eines Benzinmotors beträgt wohl 27 Liter und stammt aus dem Jahre 1923. Da Dieselmotoren auch in großen Schiffen eingesetzt werden, kann ihr **Einzel**hubraum auch schon einmal einen Kubikmeter (1000 Liter) und mehr erreichen.

$$V_h = A \cdot s \qquad A = \frac{V_h}{s} \qquad s = \frac{V_h}{A}$$

$$V_h = \frac{d^2 \cdot \pi}{4} \cdot s \qquad d = \sqrt{\frac{4 \cdot V_h}{\pi \cdot s}} \qquad s = \frac{4 \cdot V_h}{d^2 \cdot \pi}$$

$$V_H = V_h \cdot z \qquad V_h = \frac{V_H}{z} \qquad z = \frac{V_H}{V_h}$$

d	Kolbendurch-messer	mm, cm, dm
A	Kolben-oberfläche	mm^2, cm^2, dm^2
s	Hub	mm, cm, dm
V_h	Einzel-hubraum	mm^3, cm^3, dm^3
z	Zylinderzahl	
V_H	Gesamt-hubraum	mm^3, cm^3, dm^3

▢||| Hubraum-/Literleistung

Fahrzeug	min.	max.
Motorrad	30 kW/l	100 kW/l
Pkw	25 kW/l	70 kW/l
Nutz-fahrzeug	15 kW/l	40 kW/l

Die Hubraumleistung (Literleistung) vergleicht die Leistung von Motoren mit verschieden großen Hubräumen. Die effektive Leistung wird auf einen Liter Gesamthubraum bezogen.

$$P_H = \frac{P_e}{V_H} \qquad P_e = P_H \cdot V_H \qquad V_H = \frac{P_e}{P_H}$$

P_e	Effektive Leistung	kW
V_H	Gesamthubraum	dm^3 (Liter)
P_H	Hubraumleistung	kW/l

▢▮║ Hydraulische Übersetzung

Hydraulische Bremsanlage mit Kräften, Durchmessern und Kolbenflächen

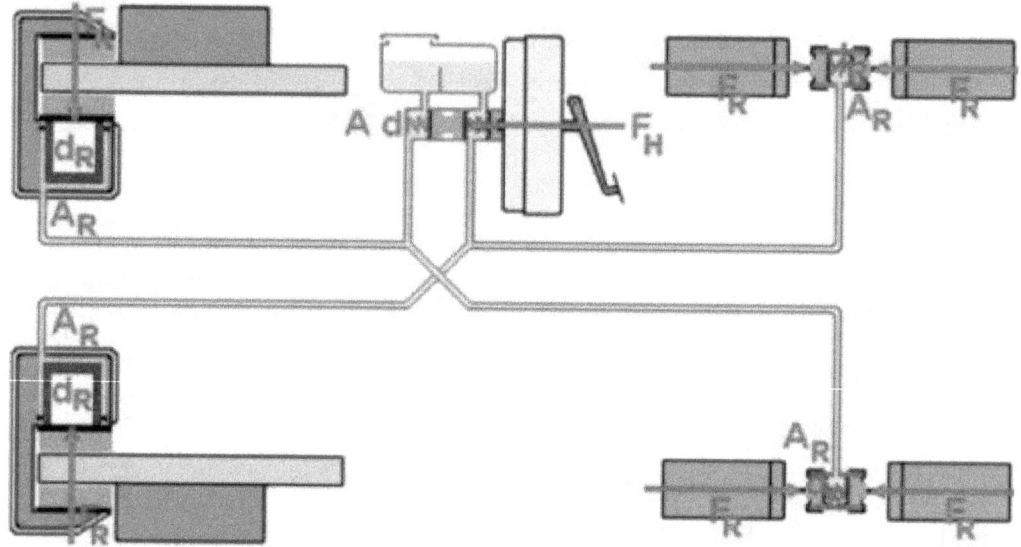

Das hydraulische Übersetzungsverhältnis ist das Verhältnis der Kräfte, Flächen oder der (Quadrat-)Durchmesser am Hauptbremszylinder zu denen an den Radbremszylindern.

$$i = \frac{F_H}{F_R} \qquad i = \frac{A_H}{A_R} \qquad i = \frac{d_H{}^2}{d_R{}^2}$$

d_H	Kolbendurchmesser Hauptbremszylinder	mm, cm
A_H	Kolbendurchmesser Radbremszylinder	mm^2, cm^2
d_R	Kolbendurchmesser Radbremszylinder	mm, cm
A_R	Kolbendurchmesser Radbremszylinder	mm^2, cm^2
i_{hyd}	Übersetzungsverhältnis hydraulisch	

▢▌▌▌ Kapazität

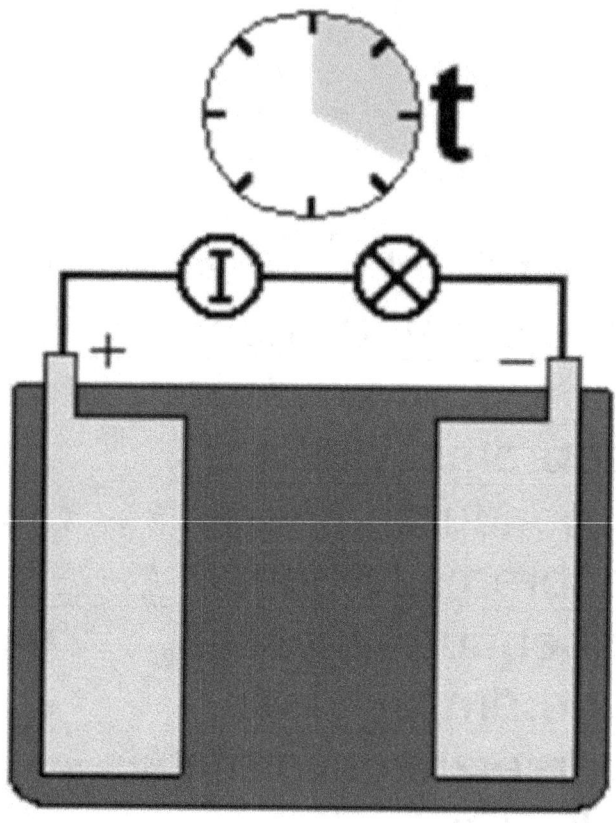

Die Strommenge, die in einer bestimmten Zeit von einer Batterie aufgenommen oder beim Entladen abgegeben wird, ist die Kapazität. In USA kennt man den Begriff der Reservekapazität. Hier wird bei der Entladung zur Bestimmung der Kapazität ein Strom von 25 A festgeschrieben.

$$K = I \cdot t \qquad I = \frac{K}{t} \qquad t = \frac{K}{I}$$

I	Entladestrom	A (Ampere)
t	Entladezeit	h (Stunden)
K	Kapazität	Ah

Beispiel

Geg.:

$I = 3,4$ A; $t = 5$ h 15 min $= 5,25$ h

Ges.:

K in Ah

Lösung:

$K = I \cdot t = 3,4$ A $\cdot 5,25$ h $= 17,85$ Ah

◻▎▎▎ Kegel

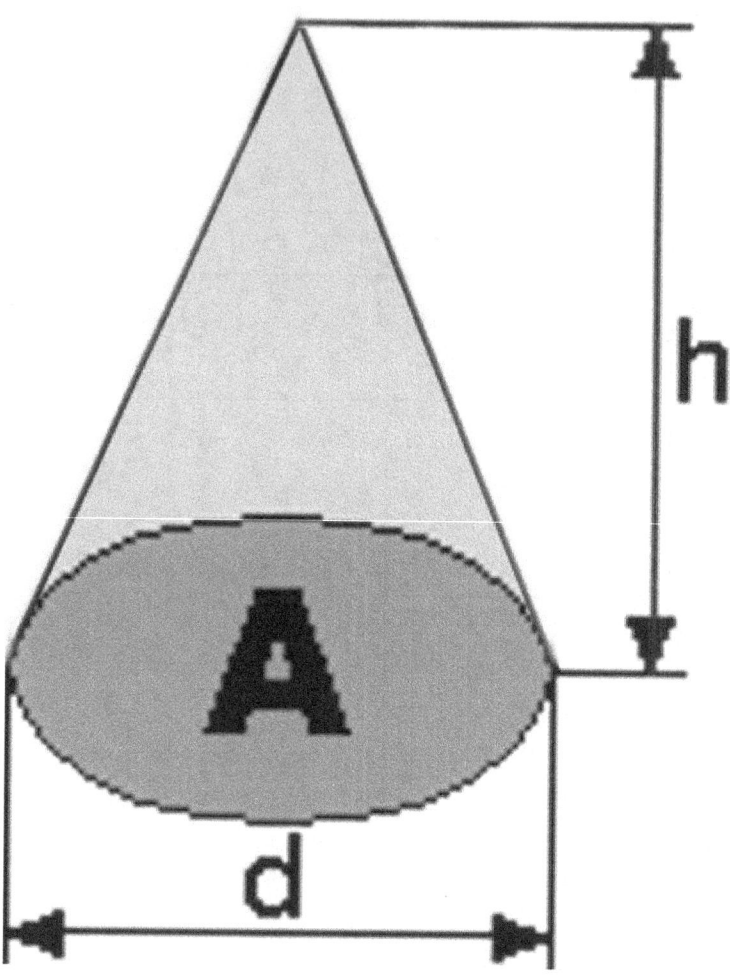

Das Volumen des Kegels wird, wie bei allen Körpern, deren Seitenflächen nicht senkrecht zur Grundfläche ausgerichtet sind, die aber oben in einer Spitze enden, so wie bei einem Zylinder berechnet und von dem Ergebnis nachher zwei Drittel abgezogen. Also die Grundfläche mal der Höhe (senkrecht gemessen) und davon nur ein Drittel.

$V = \dfrac{A \cdot h}{3}$	$A = \dfrac{3 \cdot V}{h}$	$h = \dfrac{3 \cdot V}{A}$
$V = \dfrac{d^2 \cdot \pi}{12} \cdot h$	$d = \sqrt{\dfrac{12 \cdot V}{\pi \cdot h}}$	$h = \dfrac{12 \cdot V}{d^2 \cdot \pi}$

d	Durchmesser	⦿ mm ◯ cm ◯ dm ◯ m
A	Fläche	◯ mm² ◯ cm² ◯ dm² ◯ m²

A	Grundfläche	⦿ mm² ◯ cm² ◯ dm² ◯ m²
h	Höhe	⦿ mm ◯ cm ◯ dm ◯ m
V	Volumen	⦿ mm³ ◯ cm³ ◯ dm³ (Liter) ◯ m³

▢▍▊ Mittlere Kolbengeschwindigkeit

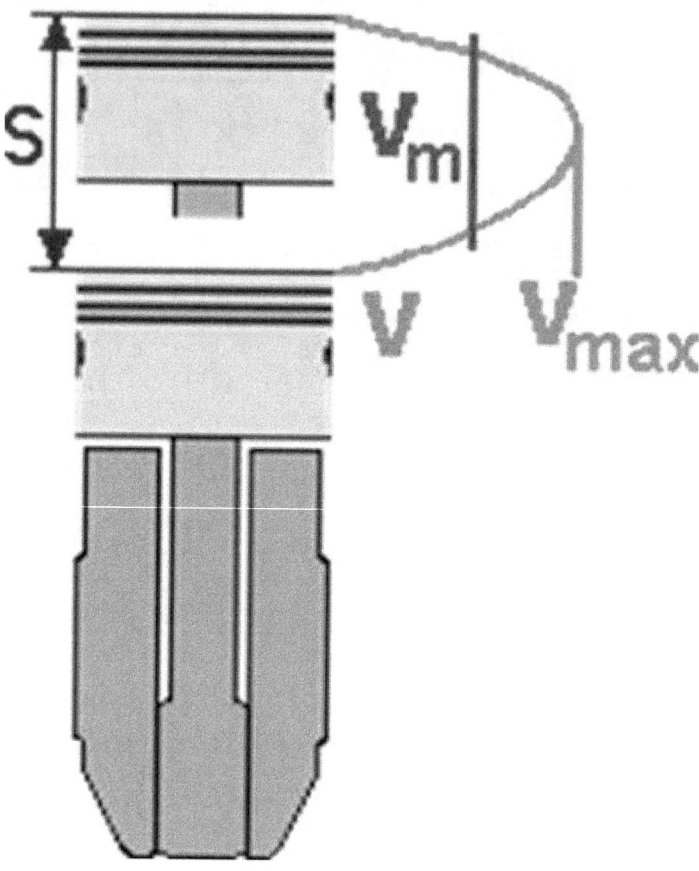

Die mittlere Kolbengeschwindigkeit ist der Weg, den der Kolben in einer bestimmten Zeiteinheit zurücklegen würde, wenn er während des gesamten Hubes stets die gleiche Geschwindigkeit hätte.

Tatsächlich aber ändert sich die Kolbengeschwindigkeit (hellrot) von Null an den Totpunkten bis zur maximalen Kolbengeschwindigkeit etwas oberhalb der Mitte. Diese beträgt etwa das 1,6-fache der mittleren Kolbengeschwindigkeit (dunkelrot).

$$v_m = \frac{s \cdot n}{30.000}$$

$$s = \frac{v_m \cdot 30.000}{n}$$

$$n = \frac{v_m \cdot 30.000}{s}$$

s	Hub	mm
n	Motordrehzahl	/min
v_m	Mittlere Kolbengeschwindigkeit	m/s

Beispiel

Geg.:

s = 0,085 m; n = 5500 1/min

Ges.:

v_m in m/s

Lösung:

$$v_m = \frac{s \cdot n}{30} =$$

$$\frac{0,085 \text{ m} \cdot 5500 \text{ /min}}{30} = \underline{15,58 \text{ m/s}}$$

▢‖‖ Kolbengeschwindigkeit

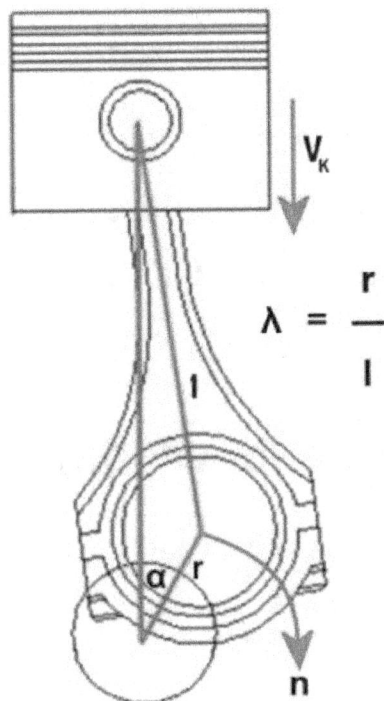

$$\lambda = \frac{r}{l}$$

Hier wird bei gegebener Drehzahl die Kolbengeschwindigkeit in einer ganz bestimmten Stellung der Kurbelwelle errechnet. Da unten die automatische Berechnung möglich ist, haben wir nicht die sonst übliche Näherungsformel, sondern die genaue gewählt. Trotzdem sind leichte Ungenauigkeiten durch die Computerberechnung möglich.

$$V_K = \frac{\pi \cdot n}{30} \cdot r \cdot \left(\sin\alpha + \frac{\lambda}{2} \cdot \sin(2 \cdot \alpha)\right)$$

α	Kurbelkreiswinkel	°
R	Kurbelkreisradius (= ½ Hub)	mm
λ	Kurbelkreisradius : Pleuellänge	
n	Motordrehzahl	/min
v_K	Kolbengeschwindigkeit	m/s

◻❚❚ Kolbenweg

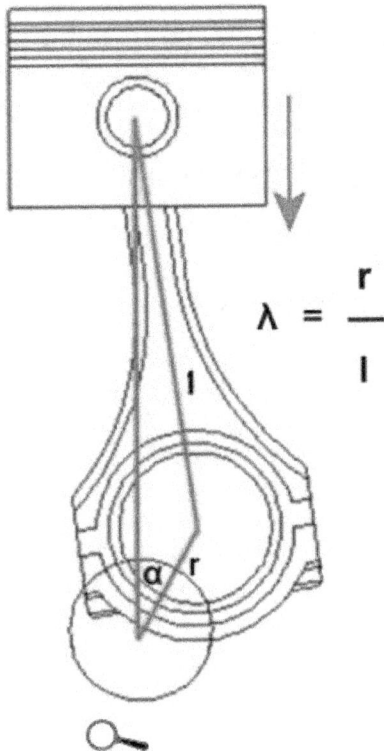

$$\lambda = \frac{r}{l}$$

Hier wird bei gegebenem Kurbelwinkel der Abstand des Kolbens vom oberen Totpunkt errechnet nach der Näherungsformel berechnet. Die automatische

Berechnung ermöglicht einen kompletten über alle Zwischenwerte einer Umdrehung der Kurbelwelle.

$$\Delta s = r \cdot (1 - \cos \alpha + \frac{1}{\lambda} \cdot (1 - \sqrt{1 - \lambda^2 \cdot \sin^2 \alpha}))$$

α	Kurbelkreiswinkel	°
r	Kurbelkreisradius (= ½ Hub)	mm
λ	Kurbelkreisradius : Pleuellänge	
Δs	Kolbenweg	mm

▢▍▌ Kolbenkraft

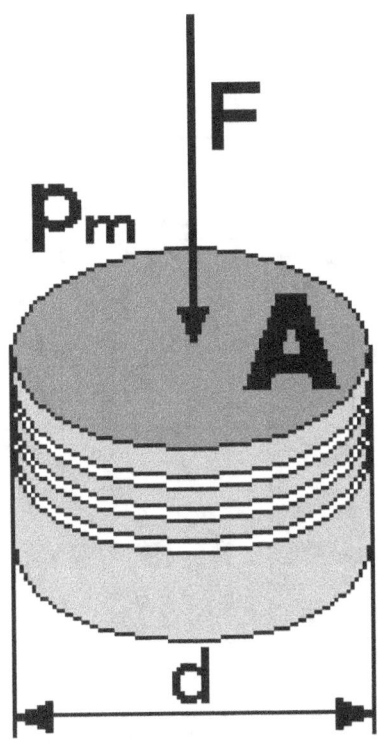

Es wird ein über alle Takte gemittelter Arbeitsdruck aufgebaut. Dieser drückt den Kolben mit einer bestimmten Kolbenkraft in Richtung Kurbelwelle. Die Stärke dieser Kraft hängt auch von der Kolbenoberfläche ab. Der höchste Mitteldruck kommt mit ca. 16 bar bei F3-Motoren vor.

> Kolbenoberfläche wird aus der Kreisfläche berechnet, nicht aus einer evtl. stark zerklüfteten Fläche.

$F = A \cdot p_m$	$A = \dfrac{F}{p_m}$	$p_m = \dfrac{F}{A}$

d	Kolbendurchmesser	mm, cm, dm
A	Kolbenoberfläche	mm^2, cm^2, dm^2
p	Mittlerer Arbeitsdruck	bar
F	Kolbenkraft	N, daN, kN

Andere Einheiten:

1 bar = 10 N/cm²

1 Pascal = 1 N/m²

1 bar = 100.000 Pascal

◘▯‖‖ Kraft

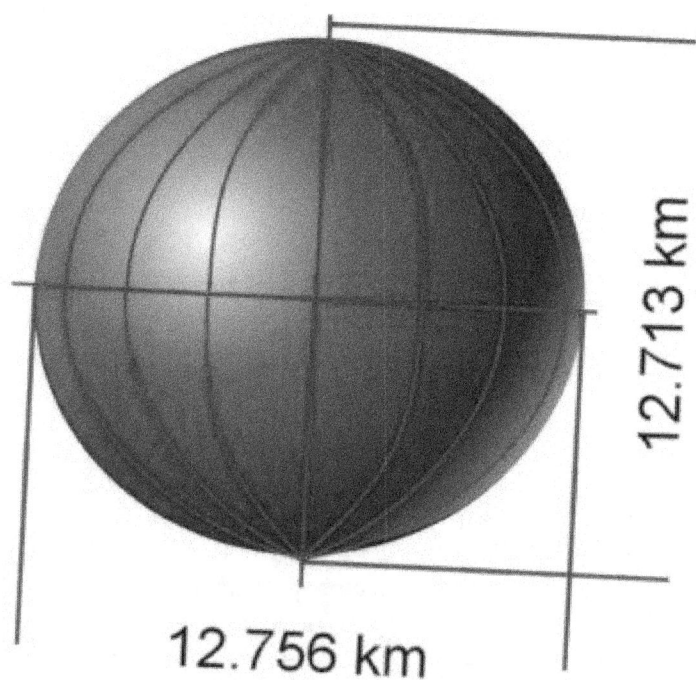

12.713 km

12.756 km

Die zum Beschleunigen eines Körpers nötige Kraft ergibt sich aus seiner Masse und der erzielten Beschleunigung. Bei der Gewichtskraft wird die Erdbeschleunigung eingesetzt, die überall gleich groß ist und senkrecht nach unten wirkt.

Sie beträgt 9,81 m/s² und wird allgemein auf 10 m/s² aufgerundet. Die Kraft kann durch einen Pfeil ausgedrückt werden. Sie ist durch Angriffspunkt, Wirkungslinie, Richtung und Größe eindeutig bestimmt. Die Größe wird durch die Länge des Pfeils ausgedrückt.

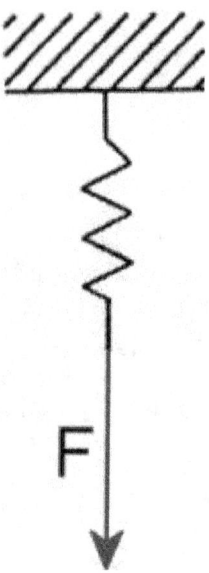

Die Gewichtskraft ist immer auf den Erdmittelpunkt gerichtet. Aus der unterschiedlichen Entfernung der Erdoberfläche zu diesem wird deutlich, dass die Gewichtskraft im Gegensatz zur Masse an den Polen am größten und am Äquator am kleinsten.

Auf dem Mond mit einem Sechstel der Erdmasse wäre die Gewichtskraft sechs Mal so hoch. Gemessen wird die Gewichtskraft z.B. mit einer Federwaage. Ihre Einheit ist Newton (N). 1 N bedeutet, dass 1 kg in einer Sekunde auf die Geschwindigkeit von 1 m/s beschleunigt wird.

> Auch wenn ein Körper sich bei Erwärmung ausdehnt, bleibt seine **Masse** doch gleich.

$F = m \cdot g$	$m = \dfrac{F}{g}$

F steht für 'force'

m mass

g gravitation acceleration

Erdbeschleunigung in unserem Breitengrad: 9,81 m/s²

m	Masse	g, kg
g	Erdbeschleunigung	9,81 m/s²
F	(Gewichts-) Kraft	N, kN

Beispiel

Geg.:

m = 2300 kg;

Ges.:

F in N

Lösung:

F = m · g = 2300 kg · 9,81 m/s² = <u>22563 N</u>

Die Kraft wird auch als vektorielle Größe bezeichnet, weil nicht nur ihr absoluter Betrag wichtig ist. Haben zwei Kräfte die gleiche (Wirk-) Richtung, kann man sie dem Betrag nach addieren und genauso subtrahieren, wenn sie exakt gegeneinander gerichtet sind.

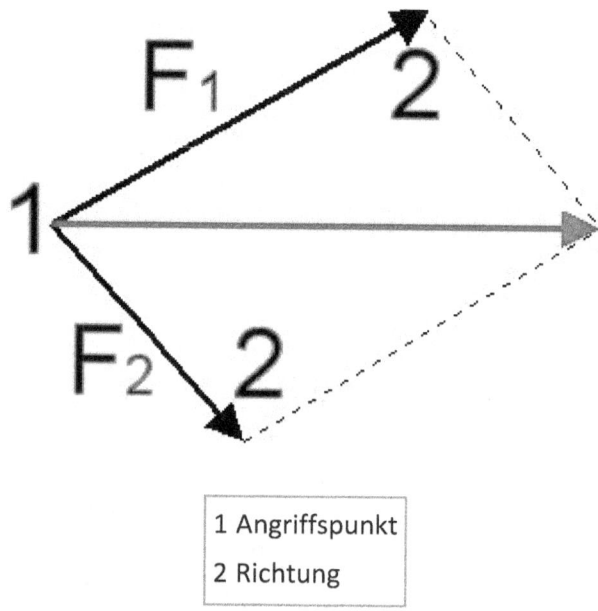

1 Angriffspunkt

2 Richtung

Haben die beiden Kräfte verschiedene Richtungen, so werden sie durch ein Kräfteparallelogramm zu einer Resultierenden zusammengefasst. Genau so kann eine Kraft in zwei zerlegt werden, wenn die Richtungen der beiden Kräfte vorgegeben werden. Am Bild oben erkennt man auch, dass sich nichts ändert, wenn man den Angriffspunkt der Kraft längs der Wirkungslinie verschiebt.

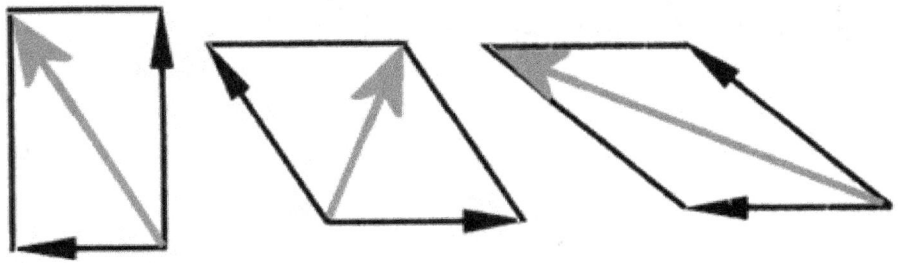

Hier sehen Sie, wie sich die Richtung der beiden Kräfte auf den Betrag (die Länge) der Resultierenden auswirkt. Je mehr beide Kräfte in die gleiche Richtung ziehen, desto größer wird er.

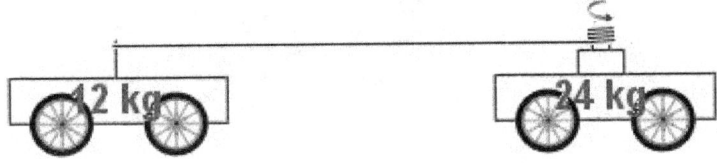

Ein seltsames Experiment: Der rechte Wagen hat einen Motor, der durch Aufwickeln von Seil zu dem linken Wagen den Abstand zwischen beiden verringert. Die Frage ist nur, wer bewegt sich?

Antwort:

Beide bewegen sich, aber der linke schneller.

◻▮▮ Kräfte am Kurbeltrieb

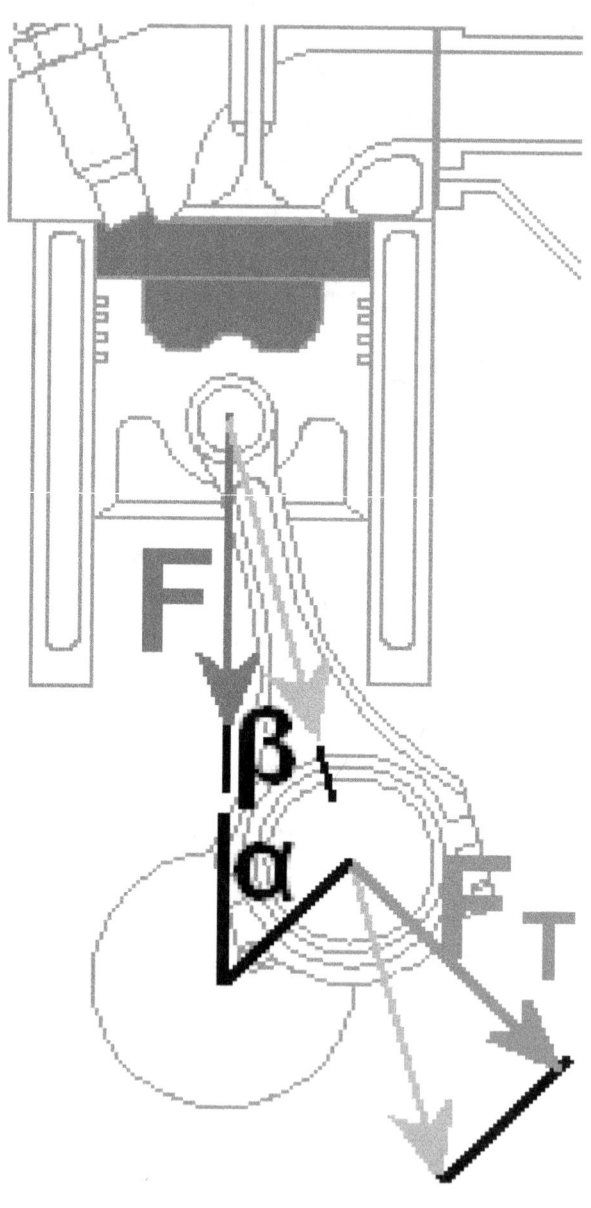

Die meiste Kraft geht in Richtung Pleuelstange. Je länger diese im Vergleich zum Hub ist, desto weniger schräg steht sie bei maximaler Auslenkung. Das ist günstig für die Seitenkräfte aber ungünstig für die Motorhöhe. Die Seitenkräfte erreichen übrigens etwa dann ihren Maximalwert, wenn Pleuel und Kurbelkröpfung einen rechten Winkel bilden. Aus der Kraft, die z.B. auf das Pleuel wirkt, kann man über verschiedene Winkelfunktionen die Kraft am Pleuellager und damit das Drehmoment an der Kurbelwelle ausrechnen.

$$F_T = \frac{F \cdot \sin(\alpha + \beta)}{\cos \beta}$$

$$F = \frac{F_T \cdot \cos \beta}{\sin(\alpha + \beta)}$$

α	Kurbelwinkel	°
β	Winkel an der Pleuelstange	°
F	Kolbenkraft	N
F_T	Tangentialkraft	N

▮▮▮ Kraftstoffverbrauch 1

Tachometer mit Tageskilometerzähler zur Verbrauchskontrolle

Das wird wohl eher ein Diesel sein, der 816,4 km mit einer Tankfüllung zurücklegt. Den Strecken-Kraftstoffverbrauch kann man berechnen, indem man die zum Volltanken nötige Kraftstoffmenge mit 100 multipliziert und durch die gefahrene Strecke teilt.

Wie wird nun ein solcher Verbrauch nach Norm ermittelt? Dazu ist zunächst der gute, alte Ausrollversuch nötig. Dieser wurde schon immer bemüht, wenn es um die Ermittlung der Fahrwiderstände geht. Heute lässt man den Wagen auf möglichst ebener Bahn und unterhalb bestimmter Windgeschwindigkeiten (evtl. in beide Richtungen) aus einer für alle Pkw erreichbaren Höchstgeschwindigkeit (ca. 135

km/h) ausrollen und bestimmt nicht nur den insgesamt zurückgelegten Weg, sondern auch das Verhalten in einzelnen Geschwindigkeitsbereichen.

Diese Daten werden elektronisch ermittelt und anschließend einem Leistungsprüfstand als genau abgestimmte Belastungsgröße mitgegeben. Hier durchläuft das gleiche Fahrzeug einen genau festgelegten Zyklus. Der Test hat große Ähnlichkeit mit dem Test der Abgase. Diese werden auch hier gesammelt und aus deren Zusammensetzung kann mit mindestens einer Stelle hinter dem Komma auf den Kraftstoffverbrauch in der Stadt und über Land (ECE) geschlossen werden.

$$C = \frac{100 \cdot V_K}{s}$$

$$s = \frac{100 \cdot V_K}{C}$$

$$V_K = \frac{C \cdot s}{100}$$

V_K	Kraftstoffmenge	Liter (dm^3)
s	Fahrstrecke	km
C	Strecken-kraftstoffverbrauch	l/100 km

◻❚❚❚ Kraftstoffverbrauch 2

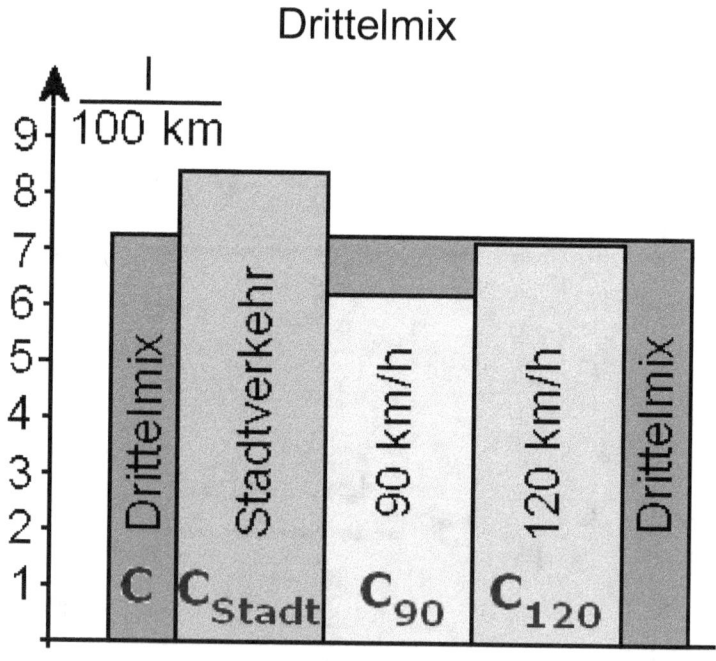

Wenn Ihr Fahrzeug nicht mehr so ganz neu ist, dann wurde sein Verbrauch im Verkaufsprospekt als Drittelmix angegeben. Hierbei wird im Prinzip jeweils zu einem Drittel der Teststrecke mit 90 km/h, einem weiteren Drittel mit 120 km/h und den Rest mit exakten Vorgaben durch die Stadt gefahren. Er berechnet sich als Durchschnittsverbrauch der drei Einzelwerte.

$$C = \frac{C_{Stadt} + C_{90} + C_{120}}{3}$$

$$C_{Stadt} = C \cdot 3 - C_{90} - C_{120}$$

$$C_{90} = C \cdot 3 - C_{Stadt} - C_{120}$$

$$C_{120} = C \cdot 3 - C_{Stadt} - C_{90}$$

C_{Stadt}	Stadtverkehr-Kraftstoffverbrauch	l/100 km
C_{90}	90 km/h Kraftstoffverbrauch	l/100 km
C_{120}	120 km/h Kraftstoffverbrauch	l/100 km
C	Drittelmix Kraftstoffverbrauch	l/100 km

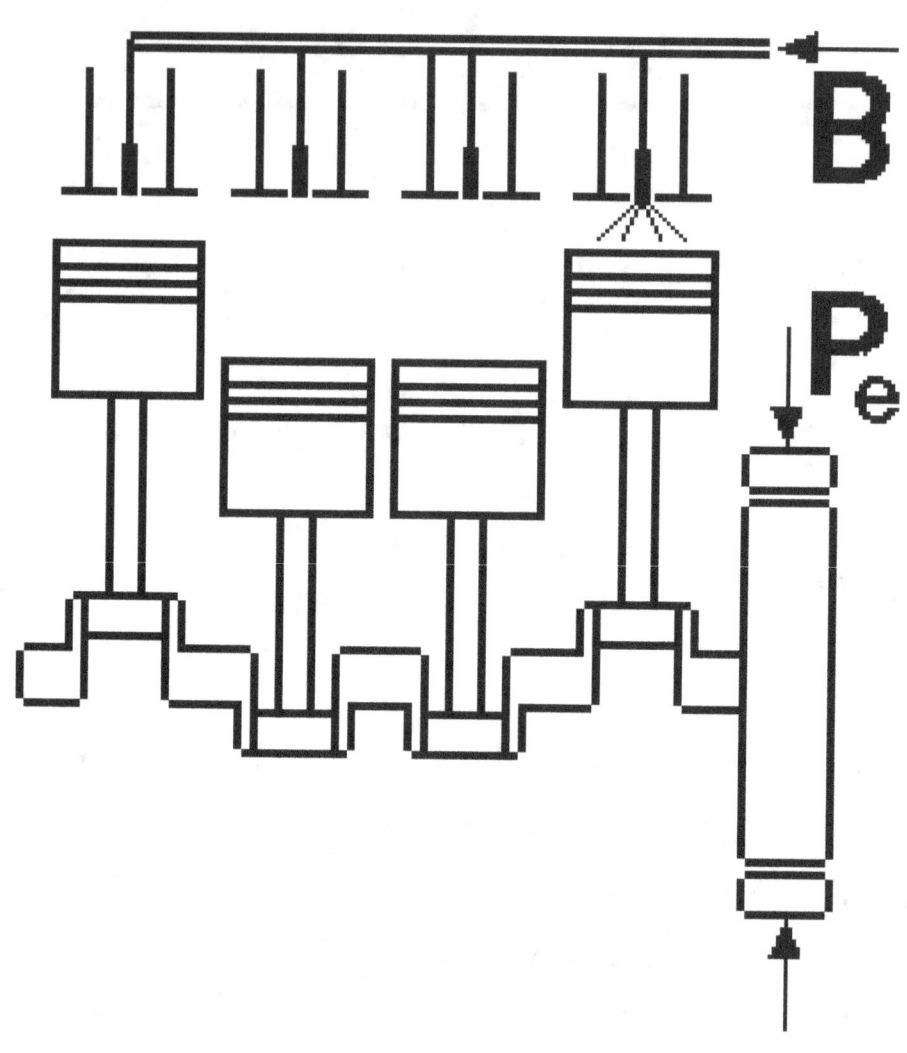

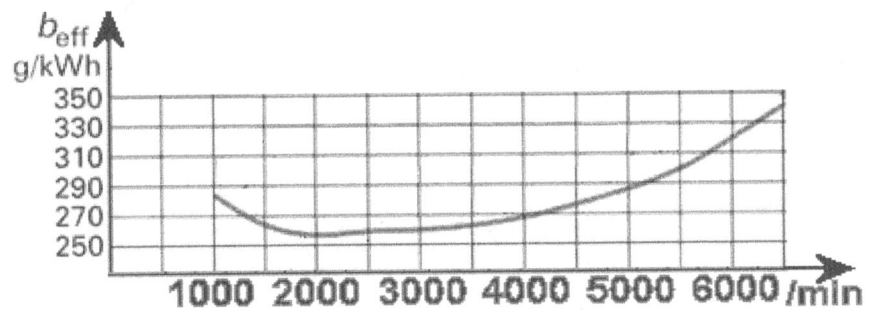

Solange ein neu entwickelter Motor im Versuch läuft und nicht in ein Fahrzeug eingebaut werden kann, muss der Kraftstoffverbrauch auf dem Prüfstand ermittelt werden. Dies hat zusätzlich den Vorteil der Vergleichbarkeit mit anderen Motoren. Hier wird der Verbrauch auch deshalb exakter als beimStreckenkraftstoffverbrauch ermittelt, weil der Kraftstoff gewichtsmäßig und nicht nach seinem (mit der Temperatur schwankendem) Volumen erfasst wird.

$$b_e = \frac{B \cdot 1000}{P_e} \qquad B = \frac{b_e \cdot P_e}{1000} \qquad P_e = \frac{B \cdot 1000}{b_e}$$

B	Kraftstoffverbrauch	g/h, kg/h
P$_e$	Effektive Leistung	kW
b$_e$	Spezifischer Kraftstoffverbrauch	g/kWh, kg/kWh

◻️▮▮ Kreisfläche

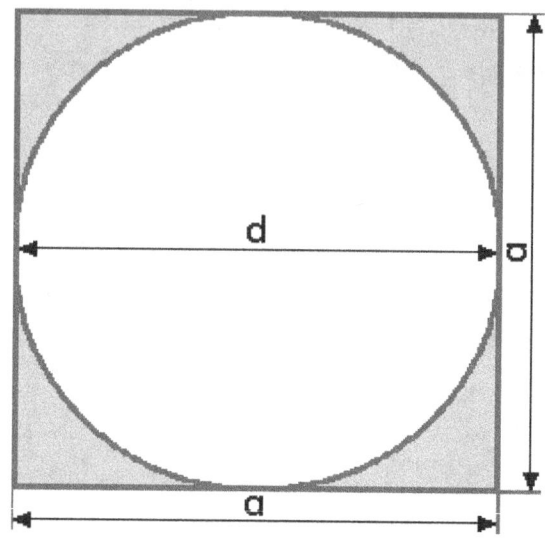

Die Berechnung der Kreisfläche hat große Ähnlichkeit mit der Berechnung eines Quadrates. Die beiden Flächen haben ein bestimmtes Verhältnis zueinander, nämlich π/4.

$$A = \frac{d^2 \cdot \pi}{4} \qquad d = \sqrt{\frac{4 \cdot A}{\pi}}$$

d	Kreisdurchmesser	mm, cm, dm, m
A	Kreisfläche	mm^2, cm^2, dm^2, m^2

▢||| Kreisringfläche

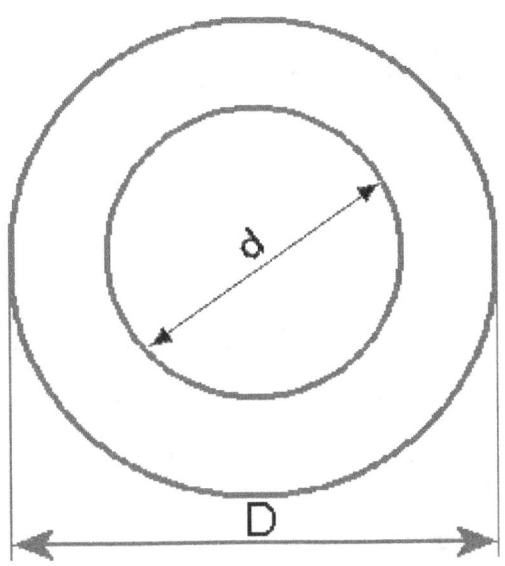

Man könnte den Kreisring auch ausrechnen, indem man die innere von der äußeren Fläche abzieht. Die Formel fasst nur die $\pi/4$ in beiden Flächenberechnungen zusammen.

$$A = \frac{(D^2-d^2) \cdot \pi}{4}$$

$$d = \sqrt{D^2 - \dfrac{4 \cdot A}{\pi}}$$

$$D = \sqrt{\dfrac{4 \cdot A}{\pi} + d^2}$$

D	Außendurchmesser	mm, cm, dm, m
d	Innendurchmesser	mm, cm, dm, m
A	Kreisringfläche	mm^2, cm^2, dm^2, m^2

▣▐▌ Kreisumfang

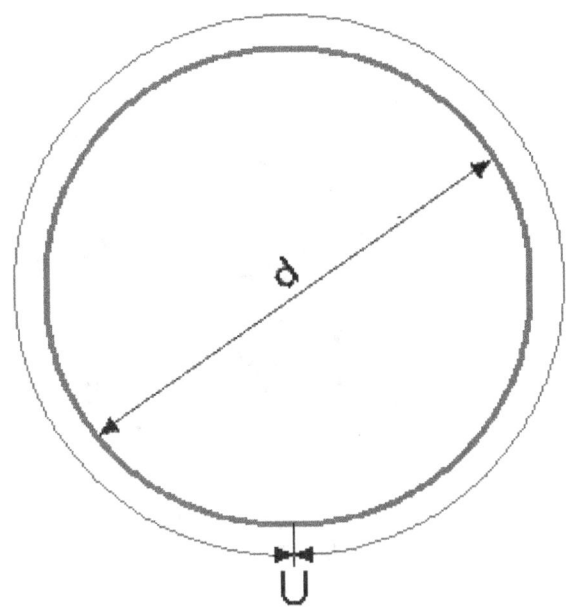

An der Formel für die Berechnung des Kreisumfangs wird deutlich, was die Kreiszahl π eigentlich ist, das Verhältnis von Umfang zu Durchmesser.

$$U = d \cdot \pi \qquad d = \frac{U}{\pi}$$

d	Kreisdurchmesser	mm, cm, dm, m
D	Kreisumfang	mm, cm, dm, m

 # Kugel

Wie wollen Sie bei einer Kugel den Radius ermitteln. Direkt dürfte das schwierig sein. Also folgen Sie besser dem Rat, erst den Durchmesser zu bestimmen und den dann zu halbieren.

$$V = \frac{4}{3} \cdot r^3 \cdot \pi$$

r	Radius	mm, cm, dm, m
V	Volumen	mm³, cm³, dm³, m³

▢⫿⫿ Kupplungspedalkraft

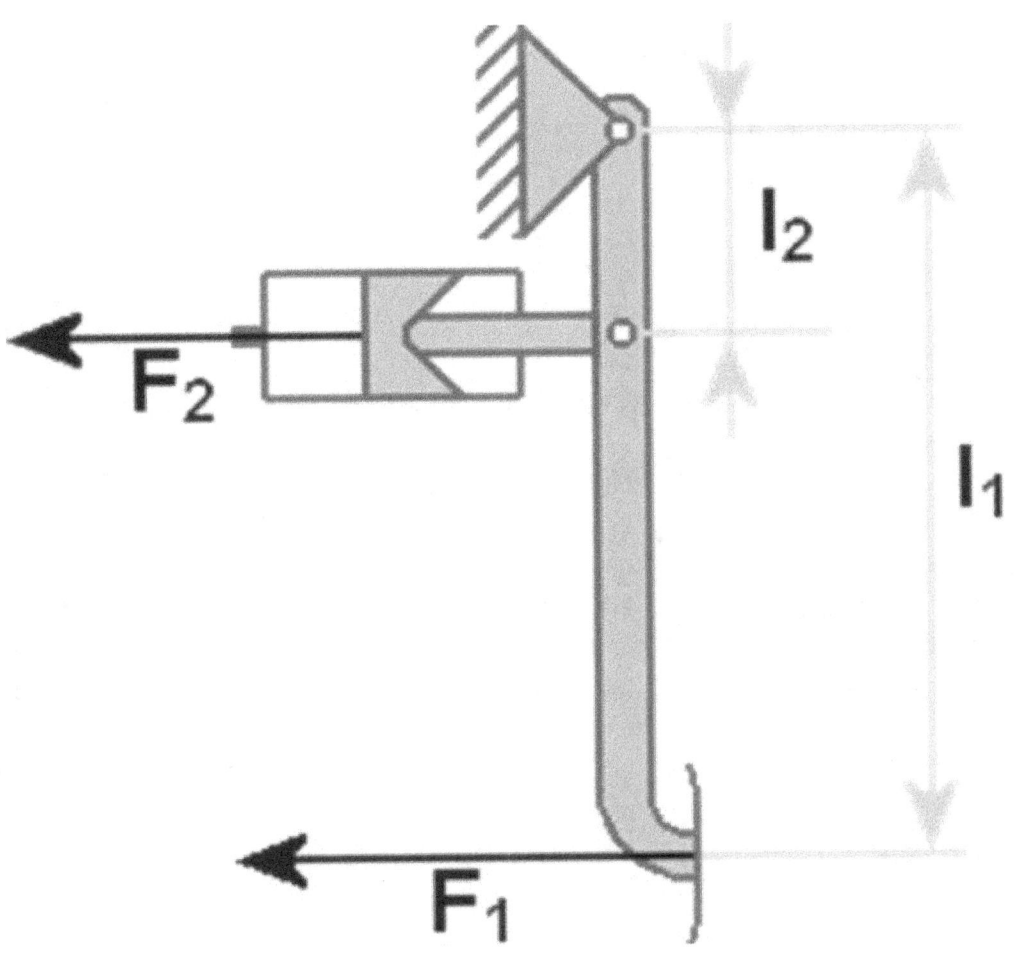

Das Drehmoment gebildet aus Kraft am Pedal und Abstand Pedal - Drehpunkt ist gleich dem Drehmoment gebildet aus Kraft an der Kolbenstange und Abstand Kolbenstange - Drehpunkt.

$$F_1 \cdot l_1 = F_2 \cdot l_2$$

$F_1 = \dfrac{F_2 \cdot l_2}{l_1}$	$F_2 = \dfrac{F_1 \cdot l_1}{l_2}$	$l_1 = \dfrac{F_2 \cdot l_2}{F_1}$	$l_2 = \dfrac{F_1 \cdot l_1}{F_2}$

F_1	Kraft am Pedal	N, kN
F_2	Kraft an der Kolbenstange	N, kN
l_1	Abstand Pedal - Drehpunkt	mm, cm, dm
l_2	Abstand Kolbenstange - Drehpunkt	mm, cm, dm

▉□||| Mechanische Leistung

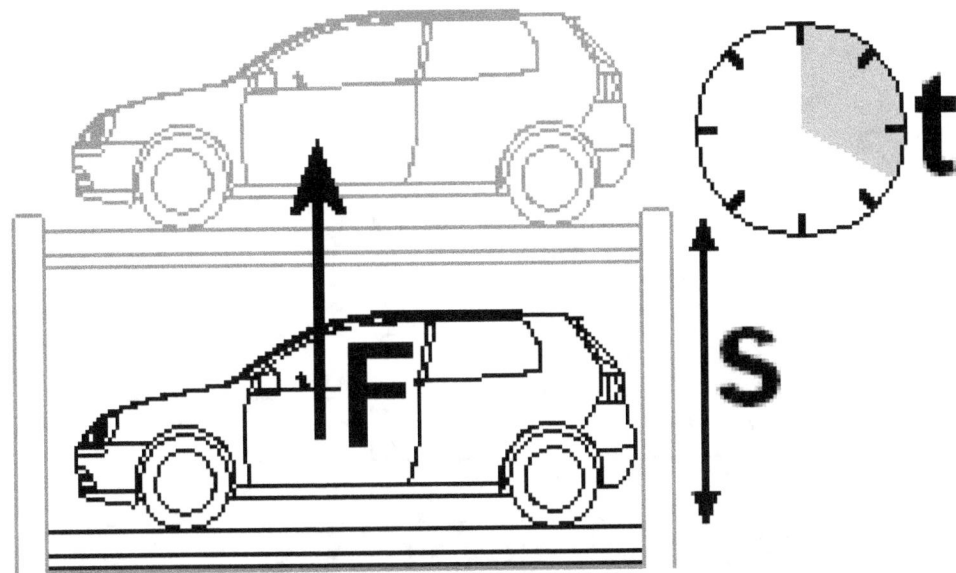

Leistung ist physikalischeArbeit, die in einer bestimmten Zeit geleistet wird. In den untenstehenden Formeln wird sie in Nm/s angegeben. Das ist exakt die Einheit für ein Watt. 736 davon ergeben 1 PS, was für die Pferdestärke steht, die alte Einheit.

Die neue ist nach James Watt benannt, der die Dampfmaschine industriekompatibel gemacht hat. Der hat auch die Einheit PS erfunden. Interessant ist, dass heutige Pferde kurzfristig sogar deutlich über 2 PS leisten können. Wahrscheinlich aber hat James Watt 1765 die Dauerleistung der Pferde im Bergwerk über bis zu 10 Stunden gemeint.

$$P = \frac{F \cdot s}{t} \qquad t = \frac{F \cdot s}{P} \qquad F = \frac{P \cdot t}{s} \qquad s = \frac{P \cdot t}{F}$$

$$P = \frac{W}{t} \qquad W = P \cdot t \qquad t = \frac{W}{P}$$

$$P = F \cdot v \qquad F = \frac{P}{v} \qquad v = \frac{P}{F}$$

F	Kraft	N
s	Weg	m
t	Zeit	s
v	Geschwindigkeit	m/s
W	Arbeit	Nm (J)
P	Leistung	W (Nm/s)

◻️❚❚❚ Effektive Leistung

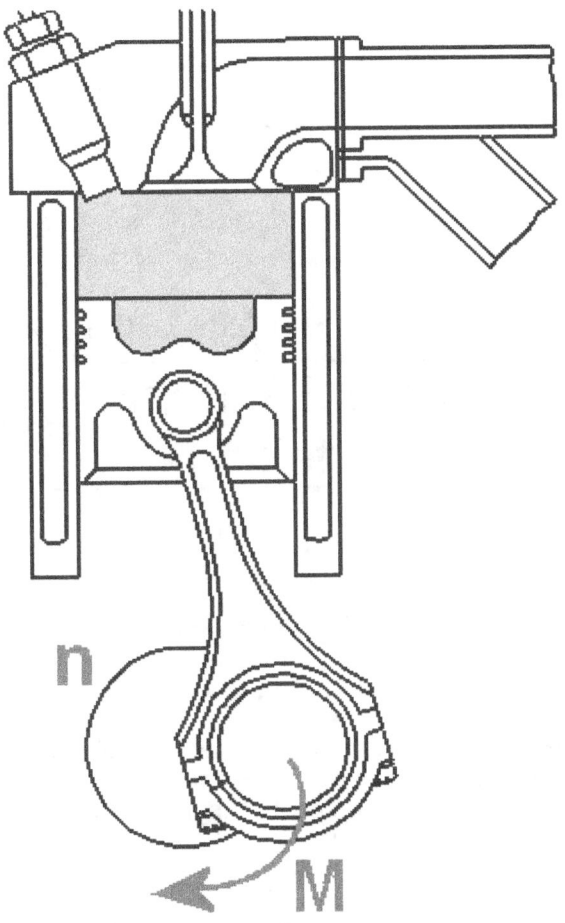

Die effektive Motorleistung wird bei Prüfstandsversuchen an der Kupplung ermittelt oder durch Abzug der Verluste im Antriebsstrang aus der Radleistung berechnet. Leistungsangaben von Oldtimern sind mit Vorsicht zu geniessen. Bei der US-Angabe 'SAE-PS' ist die Leistung theoretisch ohne Lüfter, Kühlmittelumlauf, Luftfilter, Generator und Rückstau in der Abgasanlage ermittelt worden. Italienische 'CUNA-PS' sind nicht ganz so optimistisch, wurden doch hier nur Luftfilter und Abgasanlage entfernt. In beiden Fällen ist jedoch eine höhere Leistungsangabe als bei 'DIN-PS' zu erwarten.

Die Drehzahl, bei der die höchste Leistung erreicht wird, ist die **Nenndrehzahl**.

$$P_e = \frac{M \cdot n}{9550} \qquad M = \frac{P_e \cdot 9550}{n} \qquad n = \frac{P_e \cdot 9550}{M}$$

n	Drehzahl (Kurbelwelle)	/min
M	Drehmoment (Kupplung)	Nm
P_e	Leistung (effektiv)	kW

Herleitung der Konstanten '**9550**' ist im Kapitel Drehmoment beschrieben.

Die Pferdestärke (1 'PS' = 0,736 kW) als Leistungseinheit ist megaout. Es kennzeichnet eher die Dauerleistung eines Pferdes. Kurzzeitig schaffen geeignete Exemplare deutlich über 20 PS.

Moderne Rakete: 19 Mio. kW (26 Mio. PS)

Die echte Pferdestärke . . .

◻||| Indizierte Leistung

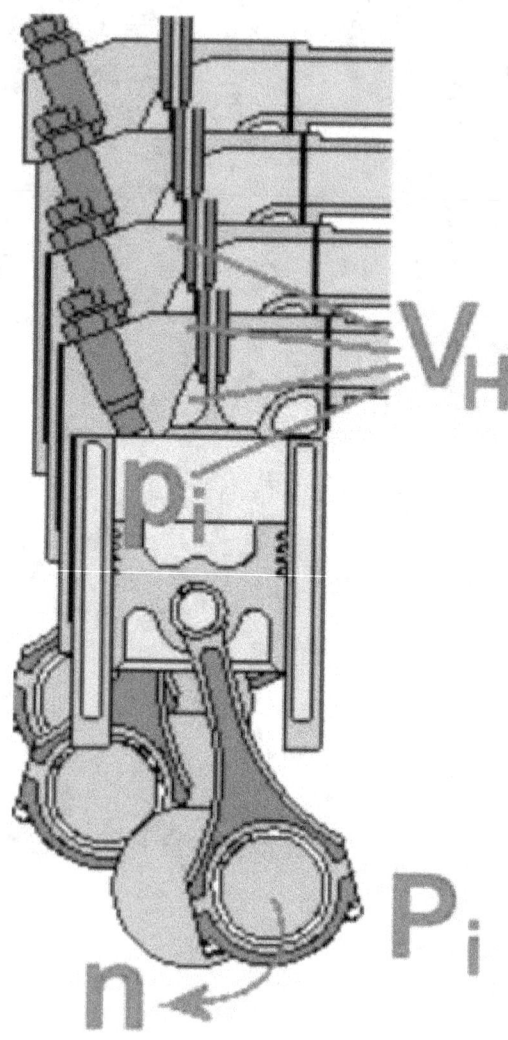

Während die effektive Leistung an der Kupplung gemessen werden kann, wird die indizierte Leistung (Innenleistung) durch den Innendruck berechnet. Der mittlere Innendruck berücksichtigt dabei nur die Verluste durch die drei vorbereitenden Takte. Andere Verluste, z.B. durch die Motorsteuerung, bleiben außen vor. Die indizierte

Leistung gibt also die theoretisch erzielbare Leistung unter Idealbedingungen an und ist deshalb immer höher als die gemessene Leistung.

Zweitakter	Viertakter
$$P_i = \dfrac{V_H \cdot p_i \cdot n}{600.000}$$	$$P_i = \dfrac{V_H \cdot p_i \cdot n}{1.200.000}$$
$$V_H = \dfrac{P_i \cdot 600.000}{n \cdot p_i}$$	$$V_H = \dfrac{P_i \cdot 1.200.000}{n \cdot p_i}$$
$$p_i = \dfrac{P_i \cdot 600.000}{n \cdot V_H}$$	$$p_i = \dfrac{P_i \cdot 1.200.000}{n \cdot V_H}$$
$$n = \dfrac{P_i \cdot 600.000}{p_i \cdot V_H}$$	$$n = \dfrac{P_i \cdot 1.200.000}{p_i \cdot V_H}$$

n	Motordrehzahl	/min
p$_i$	Mittlerer indizierter Arbeitsdruck	bar
P$_i$	Indizierte Leistung	kW

◻▎▍ Leistungsgewicht

Das Leistungsgewicht berechnet den Anteil des Gewichtes von Motoren/Fahrzeugen pro Kilowatt ihrer Motorleistung. Hier entscheidet sich, wie viel kg jedes kW Leistung schleppen muss. Den von anderen Vierrädern unerreichbaren Bestwert für das Leistungsgewicht hält die Formel-1 mit fast 0,15 kg/kW Motor- (Bild) und ca. 0,9 kg/kW Fahrzeug-Leistungsgewicht. Hier die Daten für Serien-Motorräder (Leergewicht mit vollem Tank):

2007	Yamaha YZF-R1	1,59 kg/kW (1,17 kg/PS)
2008	Suzuki GSX-R 1000	1,56 kg/kW (1,15 kg/PS)
2008	Honda Fireblade	1,52 kg/kW (1,12 kg/PS)
2008	Kawasaski Ninja ZX-10R	1,51 kg/kW (1,11 kg/PS)

Motor	Fahrzeug
$m_{PM} = \dfrac{m_M}{P_e}$	$m_{PF} = \dfrac{m_F}{P_e}$
$m_M = P_e \cdot m_{PM}$	$m_F = P_e \cdot m_{PF}$
$P_e = \dfrac{m_M}{m_{PM}}$	$P_e = \dfrac{m_F}{m_{PF}}$

m	Gewicht	kg
P_e	Leistung	kW
m_P	Leistungsgewicht	kg/kW

◻▮▯▯ Leitungswiderstand

Leitungsquerschnitt in mm²	Dauerstrombelastung (max.) in A
1	10
1,5	20
2,5	25
4	35
6	50
10	65

Werkstoff	Spez. elektr. Widerstand ρ (gesprochen: Rho)
Silber	0,015 Ohm·mm²/m
Kupfer	0,0178 Ohm·mm²/m
Gold	0,023 Ohm·mm²/m
Aluminium	0,026 Ohm·mm²/m
Wolfram	0,049 Ohm·mm²/m
Platin	0,089 Ohm·mm²/m
Zinn	0,114 Ohm·mm²/m
Blei	0,206 Ohm·mm²/m
Konstantan	0,5 Ohm·mm²/m

Der Leitungswiderstand nimmt bei festen Leitern mit deren Länge und spezifischem Widerstand zu und mit der Querschnittsfläche ab. Dies ist die Grundformel. Bei der zweiten Formel ist nur der Widerstand durch die Stromstärke den Spannungsfall ersetzt worden.

$$R = \frac{\rho \cdot l}{A} \qquad A = \frac{\rho \cdot l}{R} \qquad l = \frac{A \cdot R}{\rho} \qquad \rho = \frac{A \cdot R}{l}$$

$$A = \frac{l \cdot \rho \cdot l}{U_A} \qquad U_A = \frac{l \cdot \rho \cdot l}{A}$$

$$l = \frac{A \cdot U_A}{\rho \cdot l} \qquad l = \frac{A \cdot U_A}{\rho \cdot l}$$

A	Querschnittsfläche	mm^2
ρ	Spezifischer Widerstand	$m/\Omega \cdot mm^2$
l	Leitungslänge	M

R	Leitungswiderstand	Ω
U_A	Spannungsfall	V

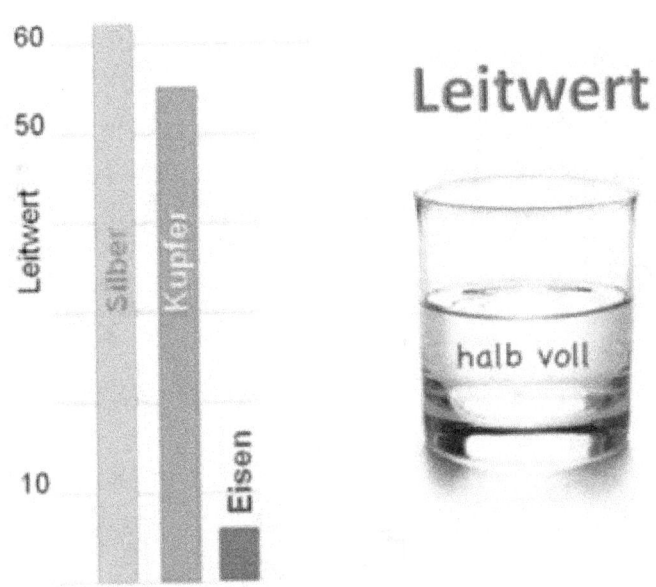

kfz-tech.de/YFo1

▢▯‖ Lenkübersetzung

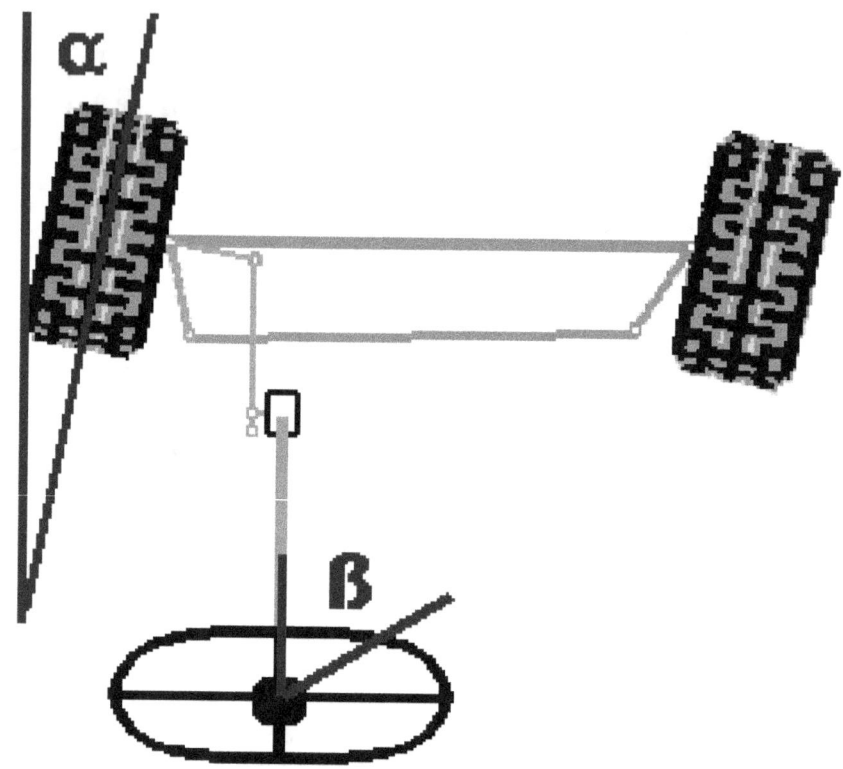

Mit steigender Lenkübersetzung wird die Drehbewegung am Lenkrad in einen kleineren Einschlagwinkel der Räder umgesetzt.

Kleine Lenkübersetzung: die Lenkung wird direkter.
Große Lenkübersetzung: die Lenkung wird indirekter.

$$i_L = \frac{\beta}{\alpha} \qquad \beta = i_L \cdot \alpha \qquad \alpha = \frac{\beta}{i_L}$$

β	Drehwinkel Lenkrad	° (Grad)
α	Drehwinkel des gelenkten Rades	° (Grad)
i_L	Lenkübersetzung	

▢❘❘❘ Liefergrad

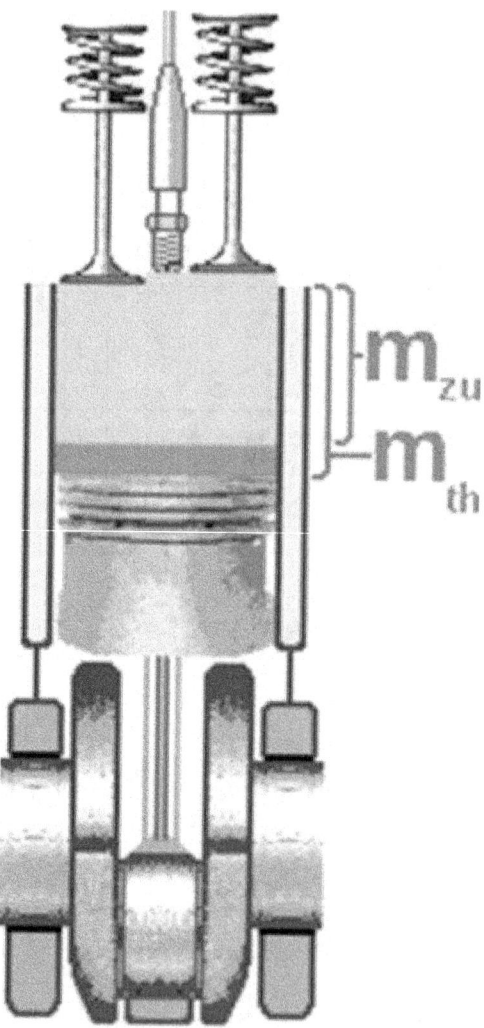

Der Liefergrad ist das Verhältnis von tatsächlich zugeführter Luftmasse zu der Luftmasse, die für eine vollständige Verbrennung nötig wäre.

$$\lambda_L = \frac{m_{zu}}{m_{th}} \qquad m_{zu} = m_{th} \cdot \lambda_L \qquad m_{th} = \frac{m_{zu}}{\lambda_L}$$

m_{zu}	Zugeführte Luftmasse	kg
m_{th}	Theoretisch benötigte Luftmasse	kg
L	Liefergrad	

Möglichkeiten zur Verbesserung des Liefergrades

- Mehrventil-Technik
- Direkteinspritzung
- Aufladung durch besondere Saugrohrgestaltung
- Aufladung durch Kompressor/Turbo/Ladeluftkühlung
- Innere Kühlung (Lachgas-, Wassereinspritzung, fettes Gemisch)

▢❙❙❙ Luftverhältnis

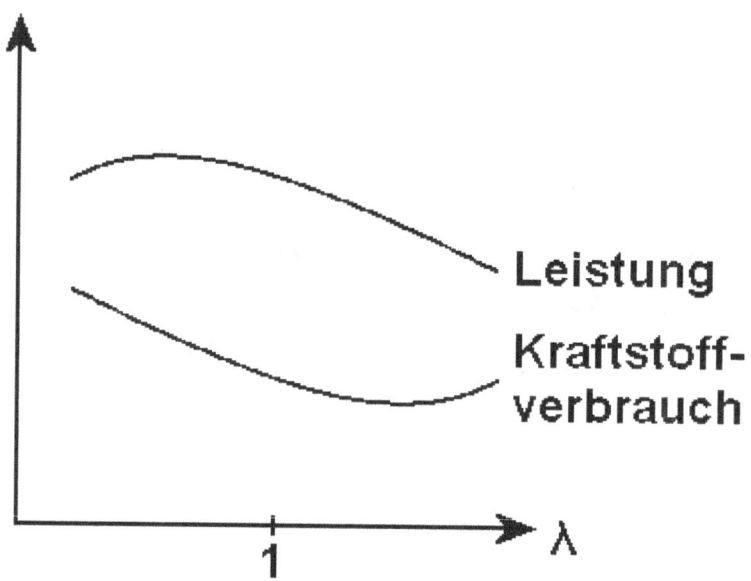

Mögliche Luftverhältnisse	
Ideal (Benzin)	1
Kaltstart (Benzin)	ab 0,3
Volllast (Benzin)	0,85 - 1
Diesel	> 1,3

Das Luftverhältnis ist das Verhältnis von tatsächlich zugeführter Luftmenge zu dem Luftbedarf bei einem idealen Mischungsverhältnis. Wenn in der Aufgabe nicht anders angegeben, ist von einem theoretischen Luftbedarf von 14,8 kg Luft je kg Kraftstoff (λ = 1) auszugehen.

$\lambda = \dfrac{L_{zu}}{L_{th}}$	$L_{zu} = L_{th} \cdot \lambda$	$L_{th} = \dfrac{L_{zu}}{\lambda}$

L_{zu}	Zugeführte Luftmasse je kg Kraftstoffverbrauch	kg
L_{th}	Theoretisch benötigte Luftmasse je kg Kraftstoffverbrauch	kg
λ	Luftverhältnis	
L_{min}	Mindestens benötigte Luftmasse je kg Kraftstoffverbrauch	kg

▢||| Lufttrichter

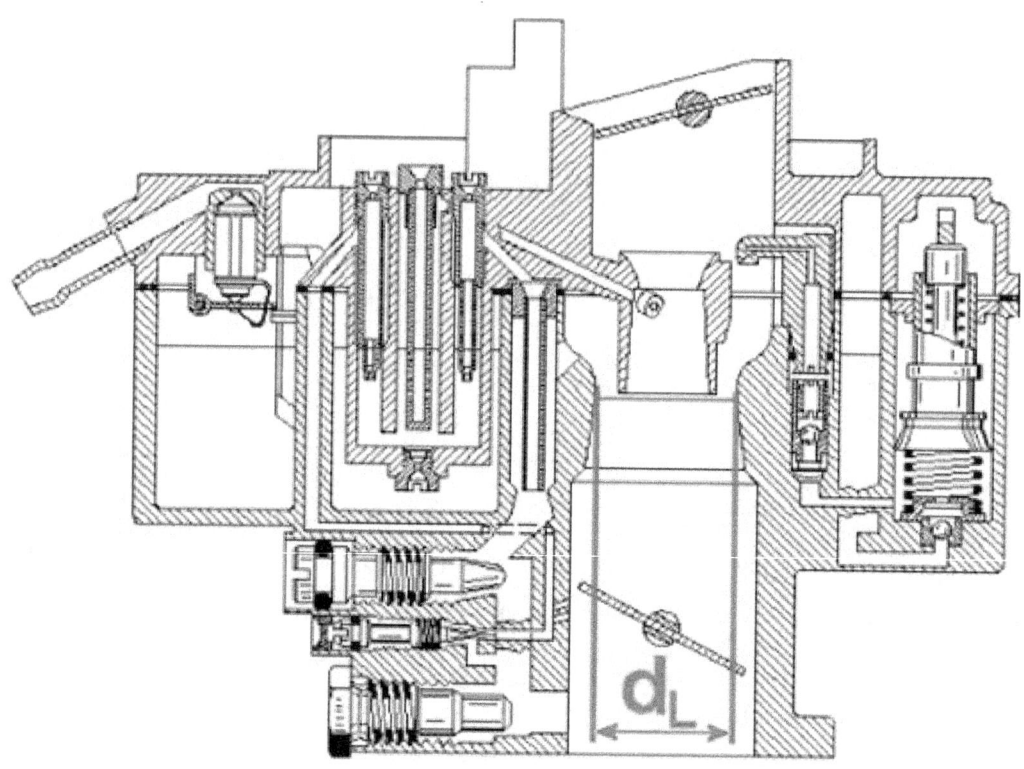

Es macht nicht viel Sinn, z.B. einen kleinvolumigen Motor mit einem zu großen Lufttrichter auszustatten. Deshalb ist es ratsam, den geeigneten Durchmesser abhängig von Gesamthubraum, Zylinderzahl und Maximaldrehzahl zu berechnen. Bitte beachten Sie, dass es sich hierbei um eine Faustformel handelt.

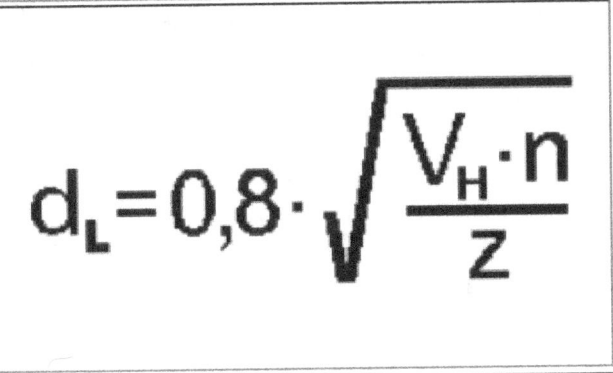

$$d_L = 0.8 \cdot \sqrt{\frac{V_H \cdot n}{z}}$$

V_H	Gesamthubraum	dm^3 (Liter)
n_{max}	Maximaldrehzahl	/min
z	Zylinderzahl	
d_L	Durchmesser (Lufttrichter)	mm

Luftwiderstand

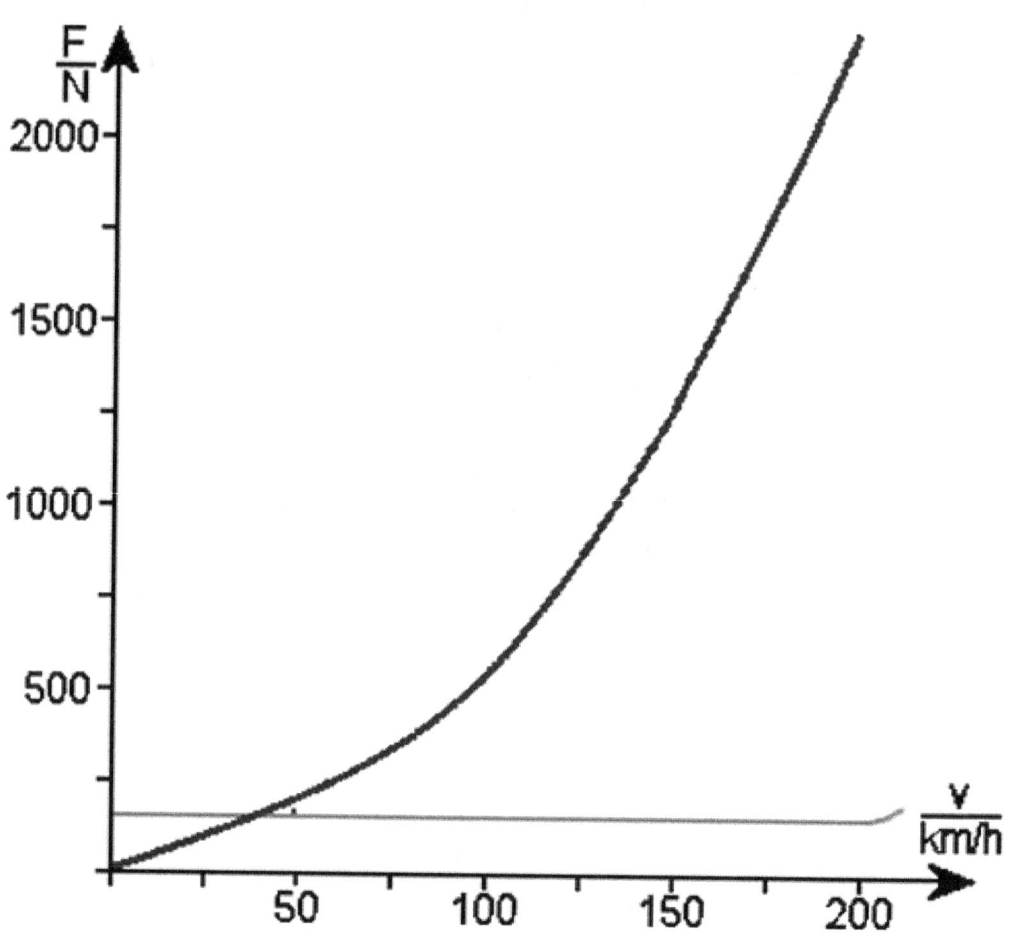

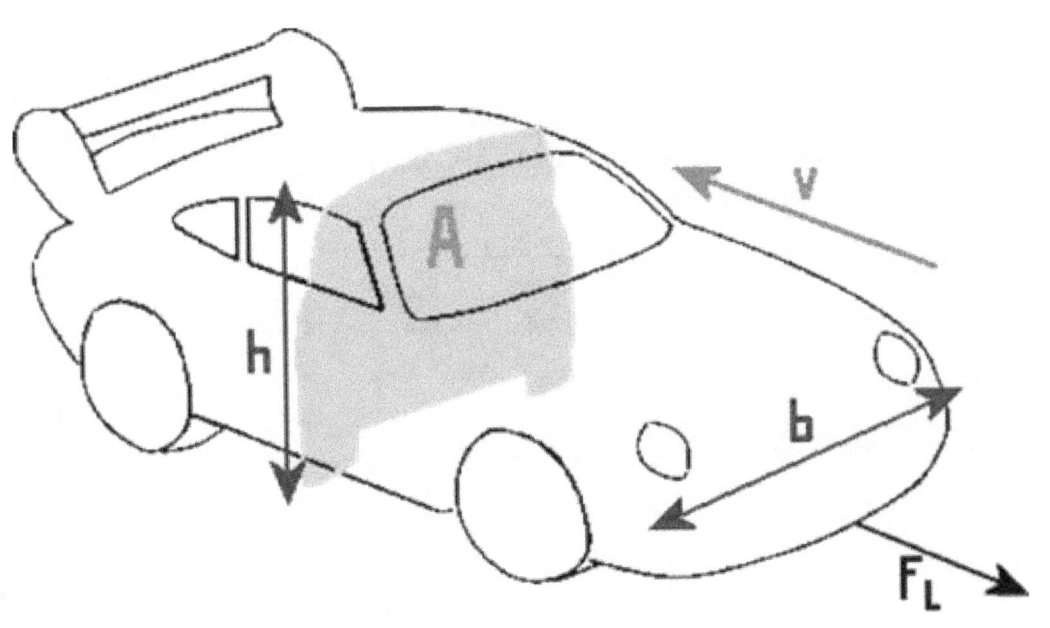

Fahrzeug	Querschnitt-fläche	c_W-Wert	Luftwiderstand bei 100 km/h
Motorrad verkleidet	0,79 m²	0,57	224 N
Motorrad unverkleidet	0,81 m²	0,63	254 N
Kleinwagen	1,80 m²	0,32	287 N
Mittelklasse	2,00 m²	0,28	279 N

Den größten Einfluss auf den Luftwiderstand hat die Fahr- oder Luftgeschwindigkeit. Mit weitem Abstand folgen der Wert für die Form (c_W) und der größte Querschnitt. Noch weniger stark hängt der Luftwiderstand von der Luftdichte ab. Lässt sich die

Querschnittsfläche nicht einwandfrei bestimmen, so kann man sie durch eine Faustformel aus Höhe und Breite bestimmen.

Der Luftwiderstand ist übrigens keine konstante Größe. In der Regel steigt er mit der Fahrgeschwindigkeit an. Deshalb müsste die eigentlich immer mit angegeben werden.

$$A \approx 0{,}8 \cdot b \cdot h$$

b	Breite	mm, cm, dm, m
h	Höhe	mm, cm, dm, m
A	Querschnittsfläche	m^3
v	Luftgeschwindigkeit	m/s, km/h
F_L	Luftwiderstand	N
c_W	Luftwiderstandsbeiwert	
ρ	Luftdichte	1,29 Kg/m^3

$$F_L = \frac{A \cdot \rho \cdot v^2 \cdot c_W}{2}$$

$$A = \frac{F_L \cdot 2}{\rho \cdot v^2 \cdot c_W}$$

$$\rho = \frac{F_L \cdot 2}{c_W \cdot v^2 \cdot A}$$

$$c_W = \frac{F_L \cdot 2}{\rho \cdot v^2 \cdot A}$$

$$v = \sqrt{\frac{F_L \cdot 2}{\rho \cdot c_W \cdot A}}$$

Hier noch einmal ein Beispiel:

Nehmen wir an, Sie hätten einen Pkw mit ca. 1,8 m² Querschnittsfläche und Sie würden bei einem c_W-Wert von 0,33 mit Tempo 130 km/h fahren. Hätte Ihr Fahrzeug einen c_W-Wert von 0,30, dann wären bei gleichem Luftwiderstand 136 km/h möglich.

◻❙❙❙ Parallelschaltung

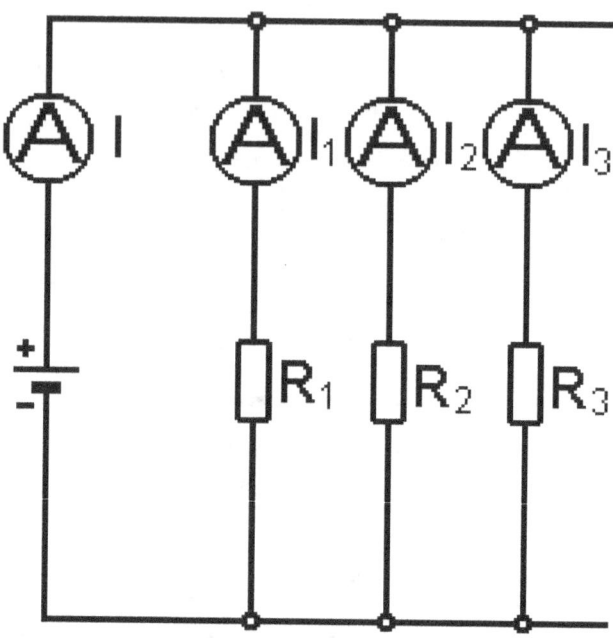

Bei der Parallelschaltung bleibt die Spannung gleich und die Stromstärken teilen sich entsprechend den Widerständen auf. Deshalb ergibt sich der Gesamtstrom als Summe der Einzelströme. Die Widerstände werden nach der Kirchhoff'schen Regel zusammengefasst. Der Gesamtwiderstand ist kleiner als der kleinste Einzelwiderstand.

Stromstärke

$I = I_1 + I_2 + I_3$	$I_1 = I - I_2 - I_3$

Widerstände

$$R = \frac{1}{\dfrac{1}{R_1} + \dfrac{1}{R_2} + \dfrac{1}{R_3}} \qquad R_1 = \frac{1}{\dfrac{1}{R} - \dfrac{1}{R_2} - \dfrac{1}{R_3}}$$

abgeleitet aus ...

$$\frac{1}{R} = \frac{1}{R_1} + \frac{1}{R_2} + \frac{1}{R_3} \qquad \frac{1}{R_1} = \frac{1}{R} - \frac{1}{R_2} - \frac{1}{R_3}$$

R_1	Teilwiderstand	Ω (Ohm)
R_2	Teilwiderstand	Ω (Ohm)
R_3	Teilwiderstand	Ω (Ohm)
R	Gesamtwiderstand	Ω (Ohm)

1. Zwei Leuchten parallel

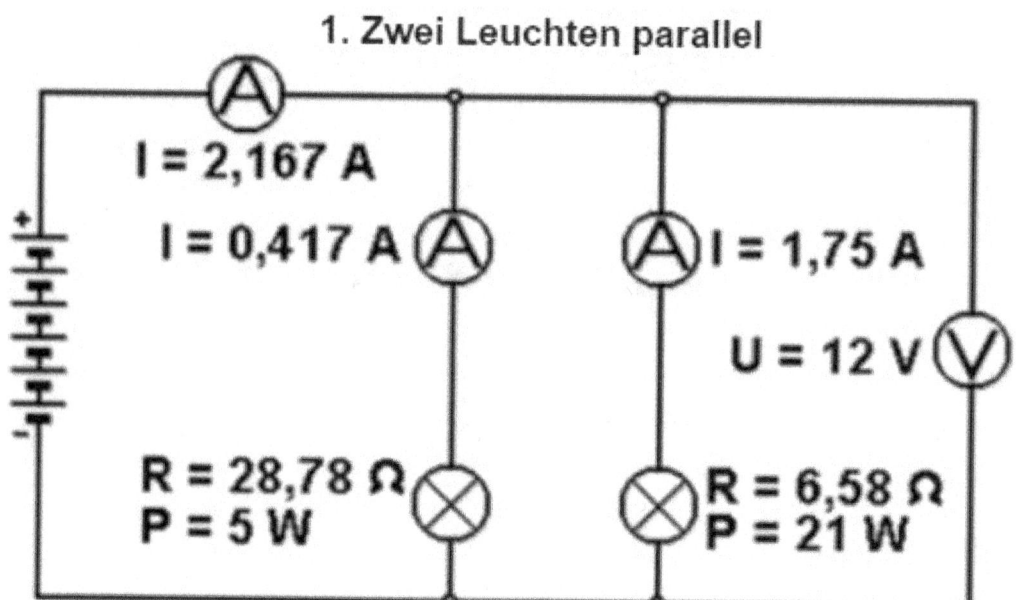

I = 2,167 A

I = 0,417 A

I = 1,75 A

U = 12 V

R = 28,78 Ω
P = 5 W

R = 6,58 Ω
P = 21 W

2. Ersatz durch eine Leuchte

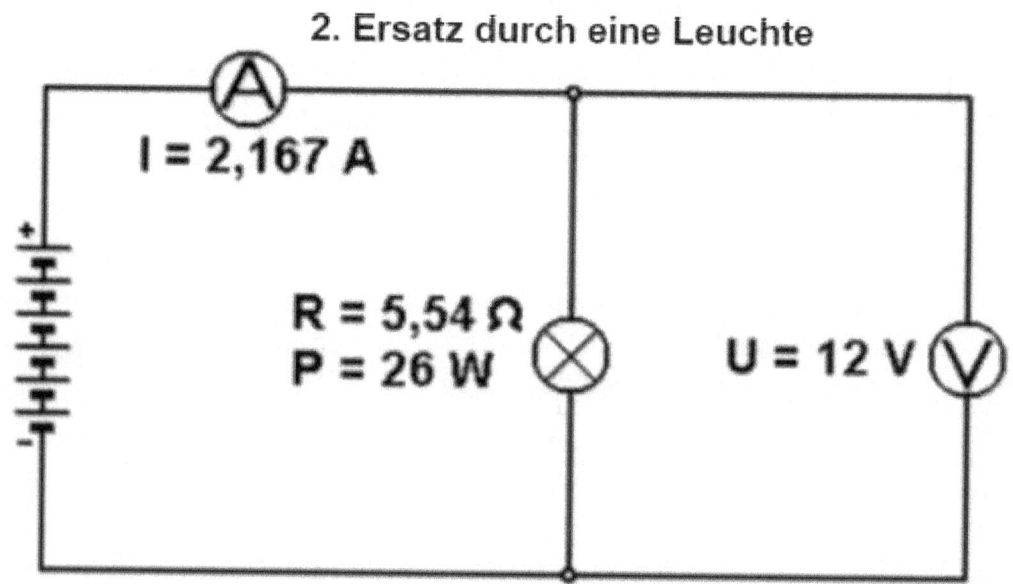

I = 2,167 A

R = 5,54 Ω
P = 26 W

U = 12 V

▢▍▍ Planetengetriebe

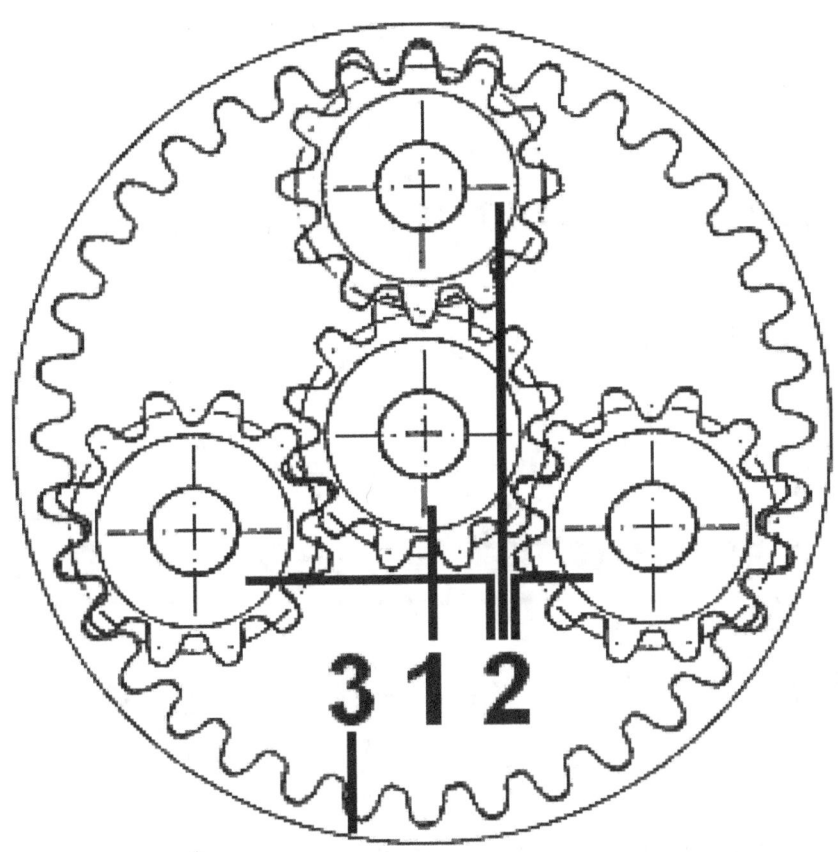

Ein einfaches Planetengetriebe besteht aus Sonnenrad (1), Planetenrädern (2) und Hohlrad (3). Die Planetenräder werden durch einen Planetenradträger zusammen geführt. Bei den folgenden Formeln wird danach unterschieden, ob er im Rückwärtsgang festgebremst, durch den Motor angetrieben oder mit dem Achsantrieb verbunden ist. Wichtig ist die jeweilige Zuordnung von Sonnen- und Hohlrad.

Planetenradträger treibend:

$$i = \frac{z_2}{z_2 + z} \qquad z = \frac{z_2 \cdot (1 - i)}{i} \qquad z_2 = \frac{z \cdot i}{1 - i}$$

Planetenradträger getrieben:

$$i = 1 + \frac{z}{z_1} \qquad z = z_1 \cdot (i - 1) \qquad z_1 = \frac{z}{i - 1}$$

Planetenradträger festgebremst:

$$i = \frac{z_2}{z_1} \qquad z_1 = \frac{z_2}{i} \qquad z_2 = i \cdot z_1$$

Umkehr des Drehsinns beachten!

z	Zähnezahl (feststehend
z_1	Zähnezahl (treibend)
z_2	Zähnezahl (getrieben)
i	Übersetzungsverhältnis

▢▮▮▮ Prozentrechnung

Die wichtigste Frage bei der Prozentrechnung ist die nach dem Bezug (Grundwert). Wie ist der 100%-Anteil bei den gegebenen oder den gesuchten Werten festgelegt. Erst danach sollte die Berechnung eines bestimmtem Prozentwertes, Prozentsatzes oder auch des Grundwertes erfolgen.

$$z = \frac{K \cdot p}{100}$$

$$K = \frac{z \cdot 100}{p}$$

$$p = \frac{z \cdot 100}{K}$$

K	Grundwert	beliebige Einheit
P	Prozentsatz	Prozent
z	Prozentwert	Einheit wie Grundwert

▣|‖ Rechteck - Fläche

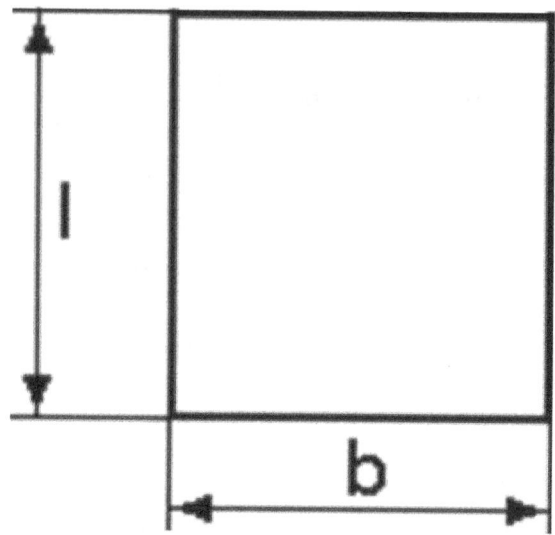

Die Fläche eines Rechtecks wird wie bei allen rechtwinkligen Flächen aus der Länge und der Breite berechnet.

$$A = l \cdot b$$

$$l = \frac{A}{b}$$

$$b = \frac{A}{l}$$

l	Länge	mm, cm, dm, m
b	Breite	mm, cm, dm, m
A	Fläche	mm^2, cm^2, dm^2, m^2

▢❘❘❘ Rechtecksäule

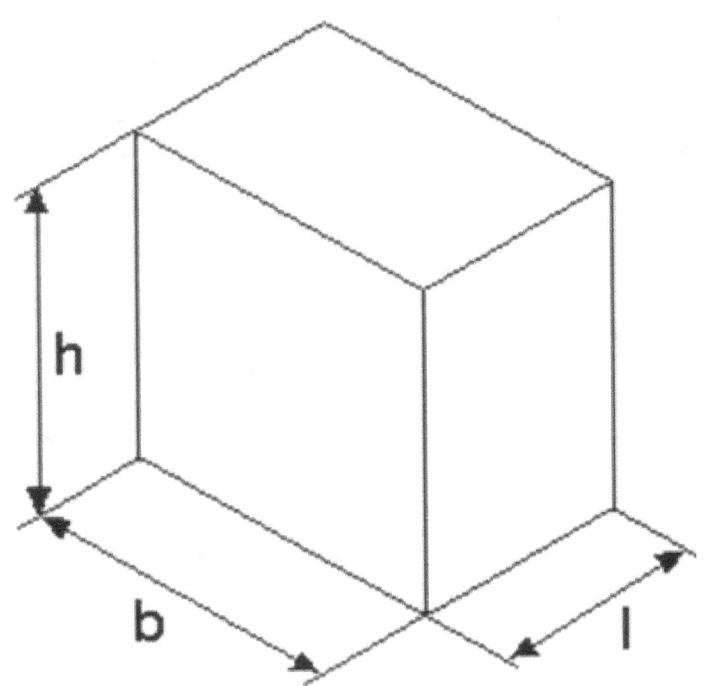

Das Volumen der Rechtecksäule wird wie bei allen Körpern, deren Seitenflächen senkrecht auf der Grundfläche und deren untere und obere Flächen parallel sind, aus der (in diesem Fall rechteckigen) Grundfläche und der Höhe berechnet.

$$V = l \cdot b \cdot h$$

$$l = \frac{V}{b \cdot h} \qquad b = \frac{V}{l \cdot h} \qquad h = \frac{V}{l \cdot b}$$

l	Länge	mm, cm, dm, m
b	Breite	mm, cm, dm, m
A	Fläche	mm^2, cm^2, dm^2, m^2
V	Volumen	mm^3, cm^3, dm^3, m^3

▢|‖ Reibungskraft

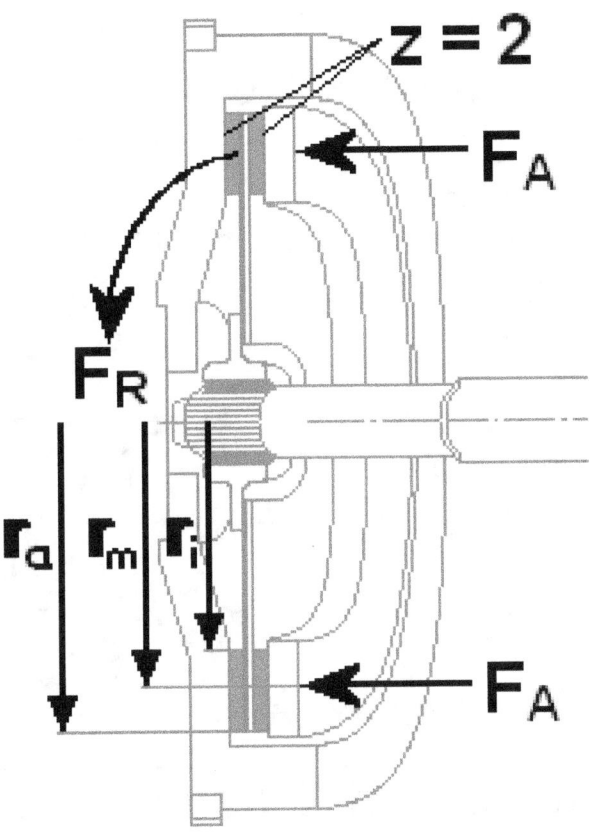

Die Kupplung gilt innerhalb der Triebwerksbaugruppen als höchst belastet. Das von ihr zu übertragende Moment hängt zunächst einmal von dem zur Verfügung stehenden Durchmesser und dem zu übertragenden Motordrehmoment ab. Natürlich soll dabei die Anpresskraft der Federn und damit die erforderliche Pedalkraft nicht zu groß werden. Am Ende berücksichtigt man in der Regel einen Sicherheitsfaktor von 1,1 bis 1,6, der in die untenstehende Formel noch nicht aufgenommen wurde.

Der Reibwert (trocken) beträgt für organische Beläge 0,25 bis 0,5, für anorganische 0,3 - 0,6. Bei Nasskupplungen, natürlich mit anderen Belägen, ist er geringer.

$$r_m = \frac{2}{3} \cdot \frac{r_a^3 - r_i^3}{r_a^2 - r_i^2}$$

$F_R = F_A \cdot \mu \cdot z$	$M_R = F_A \cdot r_m \cdot \mu \cdot z$
$F_A = \dfrac{F_R}{\mu \cdot z}$	$F_A = \dfrac{M_R}{r_m \cdot \mu \cdot z}$
$\mu = \dfrac{F_R}{F_A \cdot z}$	$\mu = \dfrac{M_R}{F_A \cdot r_m \cdot z}$
	$r_m = \dfrac{M_R}{F_A \cdot \mu \cdot z}$

F_A	Anpresskraft durch Federn	N
F_R	Drehkraft durch Reibung	N
M_R	Drehmoment durch Reibung	Nm
μ	Reibungszahl (Beläge)	
r_m	Mitllerer Radius	m
z	Zahl der Reibpaare	

▢▍▍▍ Reifenberechnung

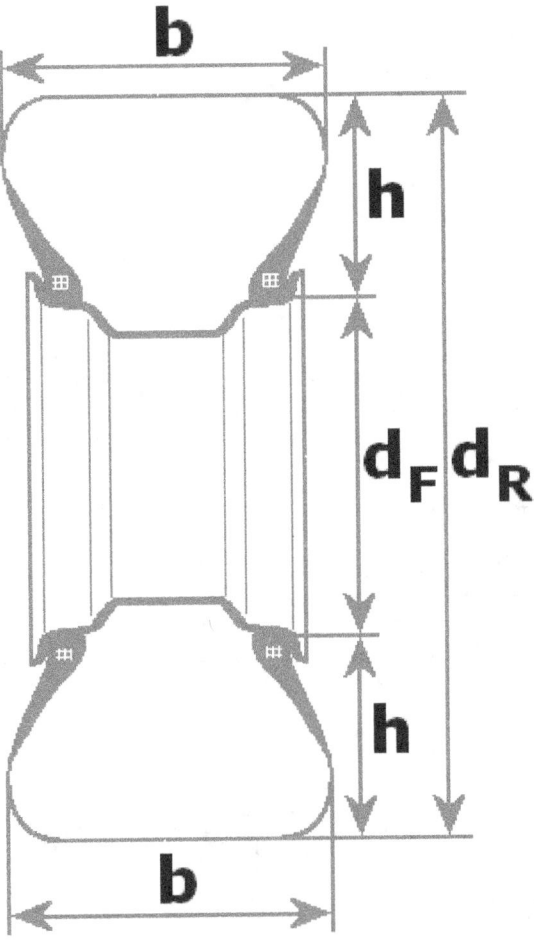

Der dynamische Radhalbmesser lässt sich aus der Reifenbezeichnung nicht bestimmen. Da sich der Reifen im Stand und beim Fahren unten etwas abflacht, ist er etwas kleiner als der halbe Durchmesser, nimmt aber mit der Geschwindigkeit zu. Er wird in der Regel aus der Raddrehzahl und der Geschwindigkeit bei 60 km/h berechnet.

Die Genauigkeit bei der Reifenberechnung ist ohnehin begrenzt, weil es sich z.B. bei der Reifenbreite um ein Rastermaß handelt. Egal ob 209 mm oder 201 mm breit, der Reifen wird immer die Bezeichnung '205' tragen.

Rad durch messer		Reifenhöhe			Felgendurchmesser
		oben unten	Reifen-breite	Verhältnis Höhe zu Breite	Zoll -> mm
d_R	$= 2 \cdot$		b	$\cdot \dfrac{h/b}{100}$	$+ \quad d_F \cdot 25,4$

d_R	Reifendurchmesser	mm, cm, dm, m
B	Reifenbreite	mm, cm, dm, m
h/b	Verhältnis Höhe/Breite	
d_F	Felgendurchmesser	Zoll

160/60 ZR 17

b = 160 mm; h/b = 60; d_F = 17 Zoll

315/35 R 19 86T

b = 315 mm; h/b = 35; d_F = 19 Zoll

▢⦀ Reihenschaltung

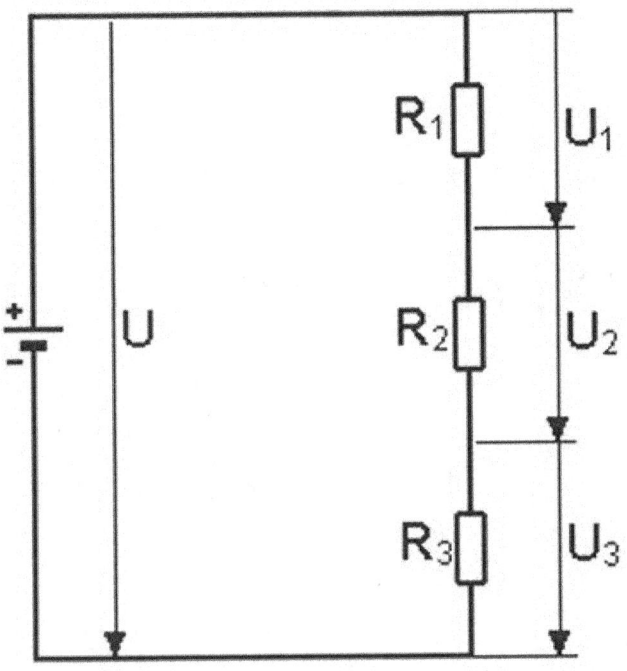

Bei der Reihenschaltung bleibt die Stromstärke gleich und die Spannungen und die Widerstände addieren sich.

$$R = R_1 + R_2 + R_3$$

$$U = U_1 + U_2 + U_3$$

R	Gesamtwiderstand	Ω
R_1, R_2, R_3	Einzelwiderstände	Ω
U	Gesamtspannung	V
U_1, U_2, U_3	Einzelspannungen	V

◻▌▎ Rollwiderstand

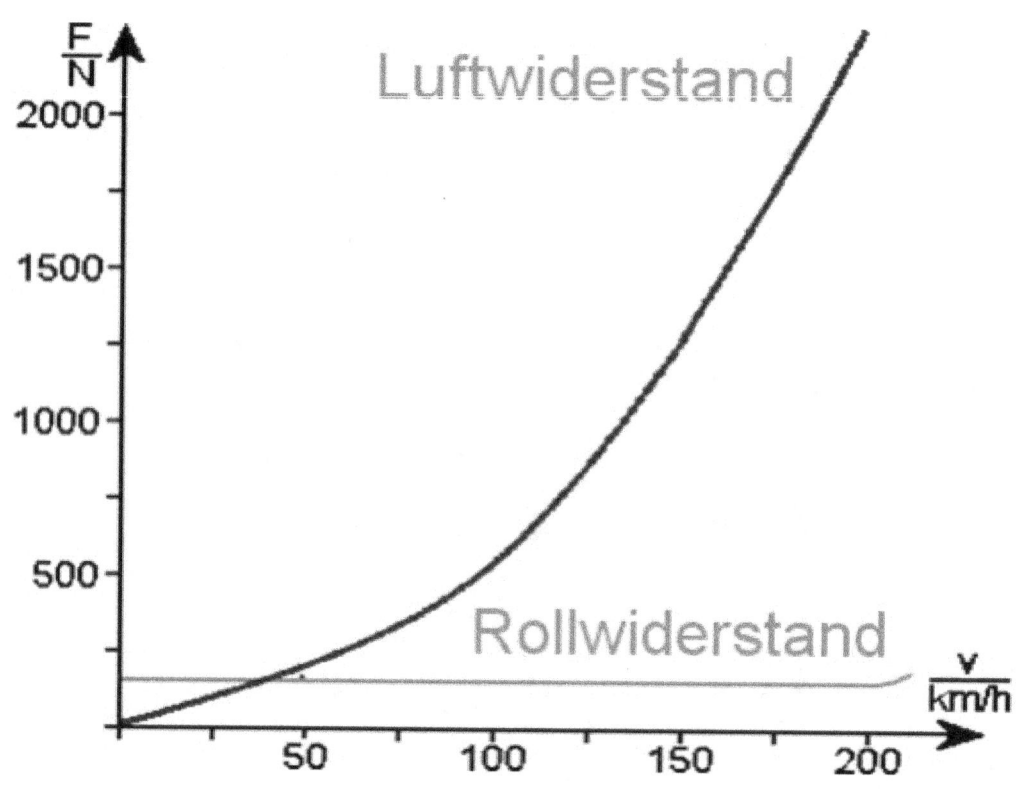

Je breiter der Reifen ist, umso mehr Rollwiderstand hat er.

Rollwiderstandsbeiwert Pkw	
Wälzlager	
Stahlrad und Schiene	< 0,002
Luftreifen und Asphalt	0,013 – 0,015
Luftreifen und Beton	0,013 – 0,015
Luftreifen und Pflaster	0,015
Luftreifen und Schotter	0,02
Luftreifen und Erde	0,05

Rollwiderstandsbeiwert Lkw	
Gute Asphaltstraße	0,007 – 0,02
Nasse Asphaltstraße	< 0,015 – 0,03
Gute Betonstraße	0,008 – 0,02
Raue Betonstraße	0,011 – 0,03
Pflasterstraße	0,017 – 0,03
Schlechte Straße	0,032 – 0,05
Unbefestigte Straße	0,15 – 0,94
Loser Sand	0,15 – 0,30

Je schlechter und rauer die Fahrbahn, umso höher wird die Rollreibungszahl. Da diese auch die Walkarbeit des Reifens berücksichtigt, steigt sie mit abnehmendem Durchmesser und Reifenluftdruck. Letzteren kann man in Grenzen selbst beeinflussen.

Das Diagramm zeigt gleichzeitig den mit steigender Geschwindigkeit relativ gleichbleibende Rollwiderstand und den sich überproportional erhöhenden Luftwiderstand.

$$F_R = F_G \cdot \mu$$

$$F_G = \frac{F_R}{\mu}$$

$$\mu = \frac{F_R}{F_G}$$

F_R	Rollwiderstand	N
F_G	Gewichtskraft	N
μ_R	Rollreibungszahl (gesprochen Mü)	

▢❘❘❘ Schließwinkel

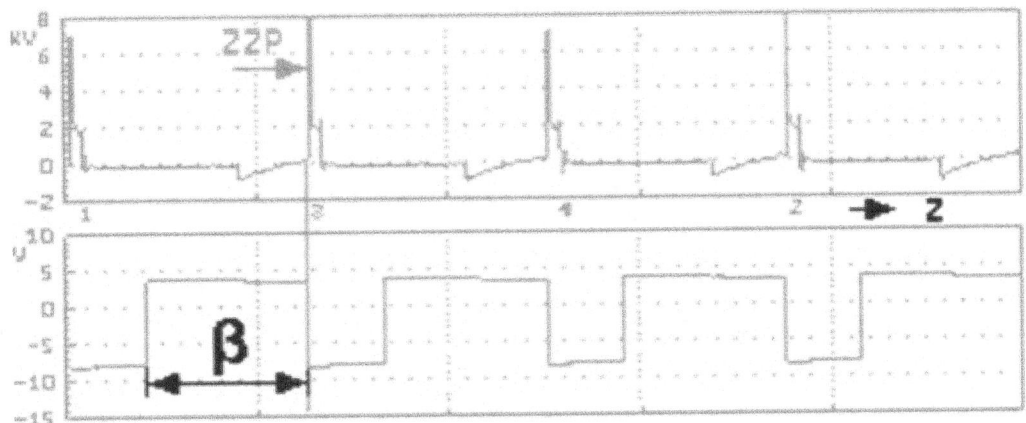

Während des Schließwinkels in Grad Verteilerwelle waren früher die Unterbrecherkontakte als Schalter im Primärkreis der Zündspule geschlossen. Auch ohne Unterbrecherkontakte ist er wichtig, weil er die Länge der elektrischen Aufladung bestimmt. Ist diese Zeitspanne zu kurz, steht zu wenig Zündenergie zur Verfügung, ist sie zu lang, wird die Zündspule zu heiß und falls sie eine Sicherung hat, kann die durchbrennen.

Wenn die Verteilerwelle so viele Nocken wie der Motor Zylinder hat, und es bei jedem Nocken einen Öffnungs- und Schließwinkel gibt, dann addieren sich die Öffnungs- und Schließwinkel aller Zylinder zu 360°. Der Schließwinkel in Prozent ist immer bezogen auf den Anteil, den der Zylinder am Mehrfachnocken hat, also auf Öffnungs- und Schließwinkel zusammen. Beim Vierzylinder entsprechen also 45° Schließwinkel 50 Prozent.

$$\beta = \frac{360° \cdot \beta_{\%}}{100 \cdot z}$$

$$\beta_{\%} = \frac{\beta \cdot 100 \cdot z}{360°}$$

$$z = \frac{360° \cdot \beta_{\%}}{100 \cdot \beta}$$

β	Schließwinkel	Grad
z	Zylinderzahl	
$\beta_{\%}$	Schließwinkel	Prozent

◻||| Schließzeit

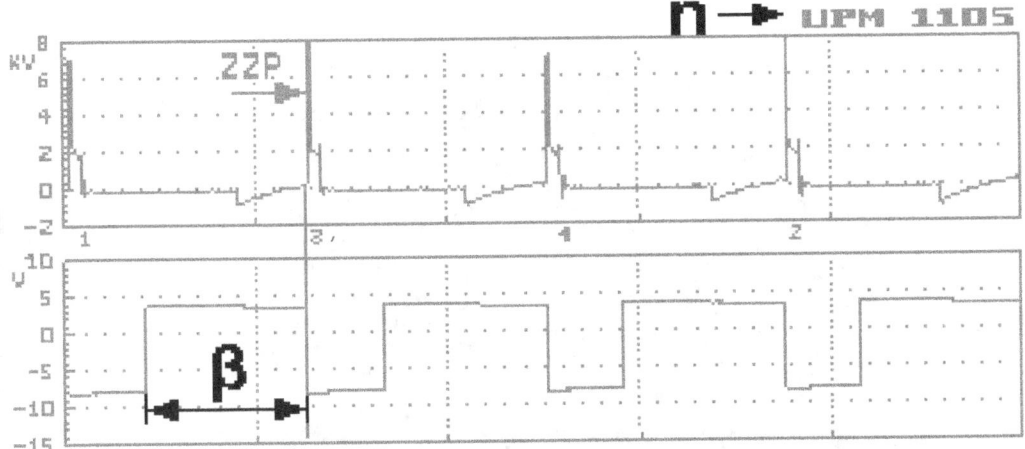

Die für die Berechnung nötigen Werte kann man vom Oszilloskop ablesen. Die Motordrehzahl steht als Zahl oben rechts. Das Signal des Hallgebers unten führt uns auf recht einfache Weise zum Schließwinkel.

Kleiner Zündabstand -> kleine Schließzeit

◻▋▍ Schlupf

Schlupf ergibt sich, wenn ein Rad mit mehr oder weniger Umdrehungen läuft, als nach der Fahrstrecke zwingend nötig wären. Dieser Unterschied wird wiederum bezogen auf die Fahrstrecke. Der Schlupf wird negativ ausgegeben, wenn die Umfangsgeschwindigkeit größer ist als die Fahrgeschwindigkeit, wenn also zu stark beschleunigt wird.

$$\lambda = \frac{(v_F - v_U) \cdot 100\ \%}{v_F}$$

$$v_F = \frac{v_U}{1 - \dfrac{\lambda}{100\ \%}}$$

$$v_U = v_F \cdot \left(1 - \frac{\lambda}{100\ \%}\right)$$

v_U	Umfangsgeschwindigkeit	m/s, km/h
v_F	Fahrgeschwindigkeit	m/s, km/h
λ	Schlupf	Prozent

◻▮▮▮ Spreizung der Gänge

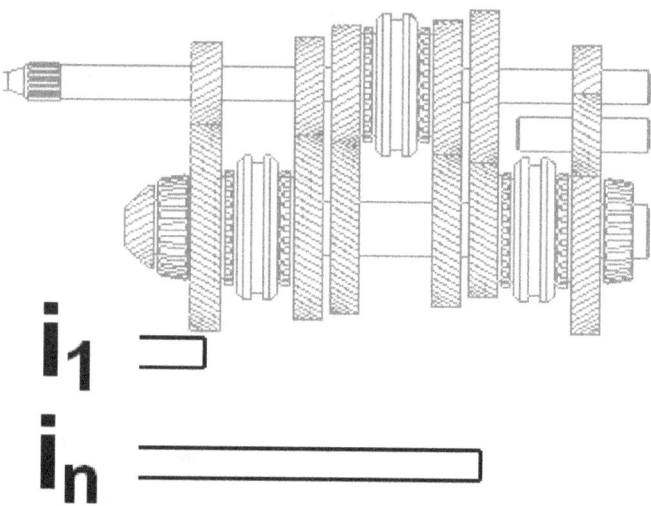

$$i_1 \quad \rule{2cm}{0.3cm}$$

$$i_n \quad \rule{5cm}{0.3cm}$$

Die Spreizung ist ein Quälitätsmerkmal eines Getriebes. Das gilt für handgeschaltete und automatisierte ebenso wie für stufenlose. Die Spreizung gibt an, wie weit der niedrigste und der höchste Gang auseinanderliegen. Sie kann größer sein, weil
- das Fahrzeug z.B. im Gelände sehr langsam bewegt werden soll,
- bei schneller Autobahnfahrt eine geringe Motordrehzahl angestrebt wird (Schongang).

$$\delta = \frac{i_1}{i_n} \qquad i_n = \frac{i_1}{\delta} \qquad i_1 = i_n \cdot \delta$$

i_1	Übersetzung (1. Gang)
i_n	Übersetzung (höchster Gang)
ϑ	Spreizung der Gänge

▣❚❚❙ Steigungswiderstand

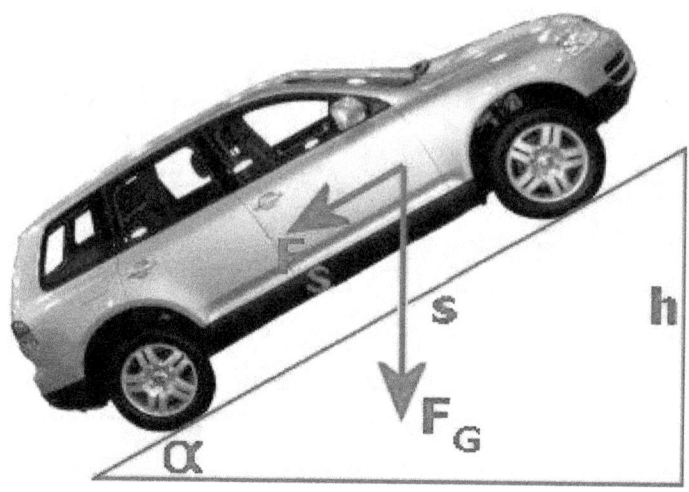

Durch Zerlegung der Kräfte kann man erkennen, dass sich der Anteil des Steigungswiderstands an der Gewichtskraft mit zunehmender Steigung erhöht. Es können der Steigungswinkel oder die erreichte Höhe h bzw. die Länge der Steigung s angegeben werden. Die Umrechnung ermöglicht die erste Formel.

$$\sin \alpha = \frac{h}{s}$$

$$h = \sin \alpha \cdot s$$

$$s = \frac{h}{\sin \alpha}$$

α	Winkel	° (Grad)
s	Steigung	m
h	Höhe	m

$$F_S = \frac{h \cdot F_G}{s}$$

$$F_G = \frac{F_S \cdot s}{h}$$

$$s = \frac{h \cdot F_G}{F_S}$$

$$h = \frac{F_S \cdot s}{F_G}$$

F_S	Steigungswiderstand	N
F_G	Gewichtskraft	N

h	Erreichte Höhe	m
s	Steigungsstrecke	m

◻▮▮▮ Übersetzungsverhältnis

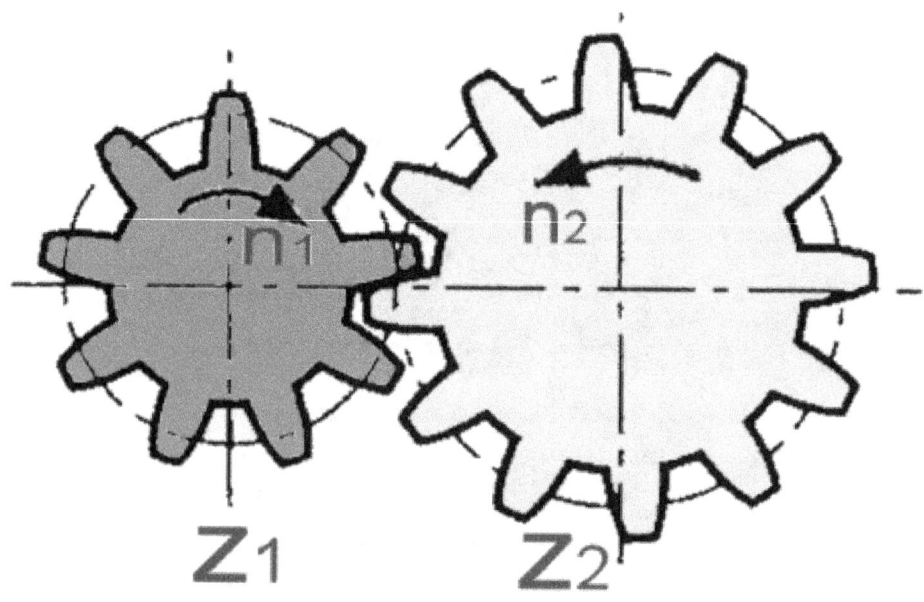

Das Übersetzungsverhältnis ist das Verhältnis der Zähnezahlen, Durchmesser, Drehmomente der getriebenen zu den treibenden Rädern. Genau umgekehrt ist es bei den Drehzahlen.

Das Gesamtübersetzungsverhältnis entsteht durch Multiplizieren der Einzelübersetzungsverhältnisse.

Zwischenräder (R-Gang) verändern **nur** den Drehsinn.

Übersetzung aus Zähnezahlen

$$i = \frac{z_2}{z_1} \qquad z_2 = z_1 \cdot i \qquad z_1 = \frac{z_2}{i}$$

z_1	Zähnezahl des **treibenden** Rades
z_2	Zähnezahl des **getriebenen** Rades
i	Übersetzungsverhältnis

Übersetzung aus Durchmessern

$$i = \frac{d_2}{d_1} \qquad d_2 = d_1 \cdot i \qquad d_1 = \frac{d_2}{i}$$

d_1	Durchmesser des **treibenden** Rades	⦿ mm ○ cm
d_2	Durchmesser des **getriebenen** Rades	○ dm ○ m
i	Übersetzungsverhältnis	

Übersetzung aus Drehzahlen

$i = \dfrac{n_1}{n_2}$	$n_1 = n_2 \cdot i$	$n_2 = \dfrac{n_1}{i}$
$i = \dfrac{n_E}{n_A}$	$n_E = n_A \cdot i$	$n_A = \dfrac{n_E}{i}$

n_1 n_E	Drehzahl des **treibenden** Rades, Eingangsdrehzahl	/min
n_2 n_A	Drehzahl des **getriebenen** Rades **A**usgangsdrehzahl	/min
i	Übersetzungsverhältnis	

Gesamtübersetzung allgemein

$$i_{ges} = i_1 \cdot i_2 \cdot i_3$$

$$i_1 = \frac{i_{ges}}{i_2 \cdot i_3}$$

Gesamtübersetzung aus Zähnezahlen, Durchmessern

$$i_{ges} = \frac{z_2 \cdot z_4 \cdot z_6}{z_1 \cdot z_3 \cdot z_5}$$

$$i_{ges} = \frac{d_2 \cdot d_4 \cdot d_6}{d_1 \cdot d_3 \cdot d_5}$$

Gesamtübersetzung aus Drehmomenten

$$i_{ges} = \frac{M_A}{M_E}$$

$$M_A = M_E \cdot i_{ges}$$

$$M_E = \frac{M_A}{i_{ges}}$$

Gesamtübersetzung aus Drehzahlen		
$i_{ges} = \dfrac{n_E}{n_A}$	$n_E = n_A \cdot i_{ges}$	$n_A = \dfrac{n_E}{i_{ges}}$

◻▮▮ Umfangsgeschwindigkeit

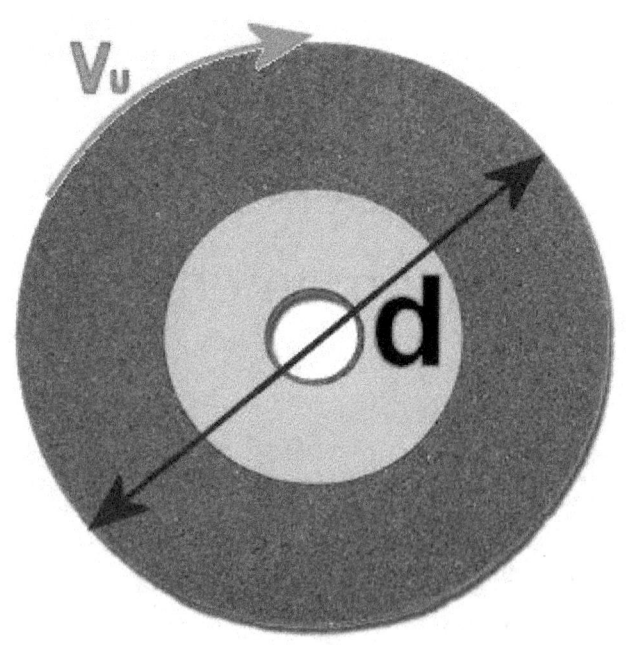

$$v_U = \frac{d \cdot \pi \cdot n}{60 \cdot 1000} \qquad d = \frac{v_U \cdot 60 \cdot 1000}{\pi \cdot n}$$

$$n = \frac{v_U \cdot 60 \cdot 1000}{\pi \cdot d}$$

d	Durchmesser	mm
n	Drehzahl	/min
v	Umfangsgeschwindigkeit	m/s

◻▮▮ Umrechnungen

1 " (Zoll) entspricht Länge von 25,4 mm oder 2,54 cm.
1 mm entspricht einer Länge von 0,03937 " (Zoll).

	Vorsatz	Faktor	Ausnahmen
p	Piko	0,000.000.000.001	
n	Nano	0,000.000.001	
µ	Mikro	0,000.001	
m	Milli	0,001	
c	Zenti	0,01	
d	Dezi	0,1	
		1	
da	Deka	10	
h	Hekto	100	
k	Kilo	1.000	1 KByte = 1024 Byte
M	Mega	1.000.000	1 MByte = 1024 KByte
G	Giga	1.000.000.000	1 GByte = 1024 MByte
T	Tera	1.000.000.000.000	1 TByte = 1024 GByte

1 lbs (pound) = 0,4536 kg

1 kg (Kilogramm) = 2,2046 lbs

Winkelumrechnung

1 ° (Grad) = 60 ' (Minuten)

1 ' (Minute) = 60 " (Sekunden)

SI-Einheiten		
L	Länge	M
m	Masse	kg
t	Zeit	s
I	Stromstärke	A
T	Temperatur	K
n	Substanzmenge	mol
I_V	Lichtstärke	cd

◻◧▮ Ungleichachsige Getriebe

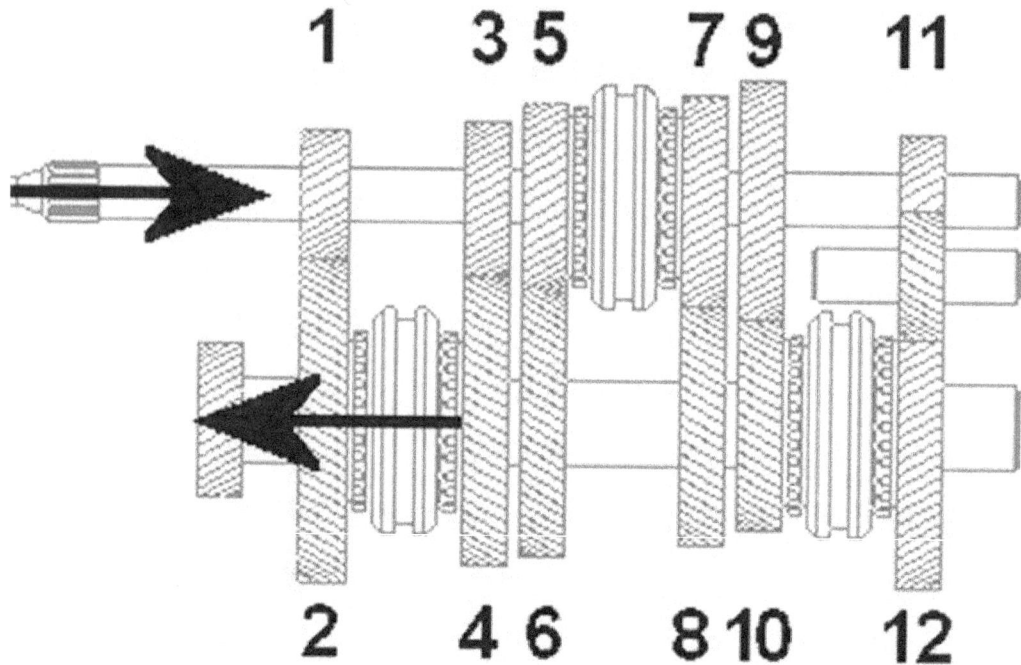

Der Motor treibt das Getriebe oben links über die Eingangswelle an. Je nach Vorwärtsgang ist ein Zahnradtrieb mit zwei Zahnrädern beteiligt. Beim Rückwärtsgang (11, 12) kommt ein Zwischenrad hinzu, das bei der Berechnung aber keine Rolle spielt. Unten links geht es dann weiter zum Achsantrieb, über Stirn- oder Kegelrad.

$i_1 = \dfrac{z_2}{z_1}$	$i_2 = \dfrac{z_4}{z_3}$	$i_3 = \dfrac{z_6}{z_5}$
$i_4 = \dfrac{z_8}{z_7}$	$i_5 = \dfrac{z_{10}}{z_9}$	$i_R = \dfrac{z_{12}}{z_{11}}$

◻▮▮▮ Ventilöffnungsfläche

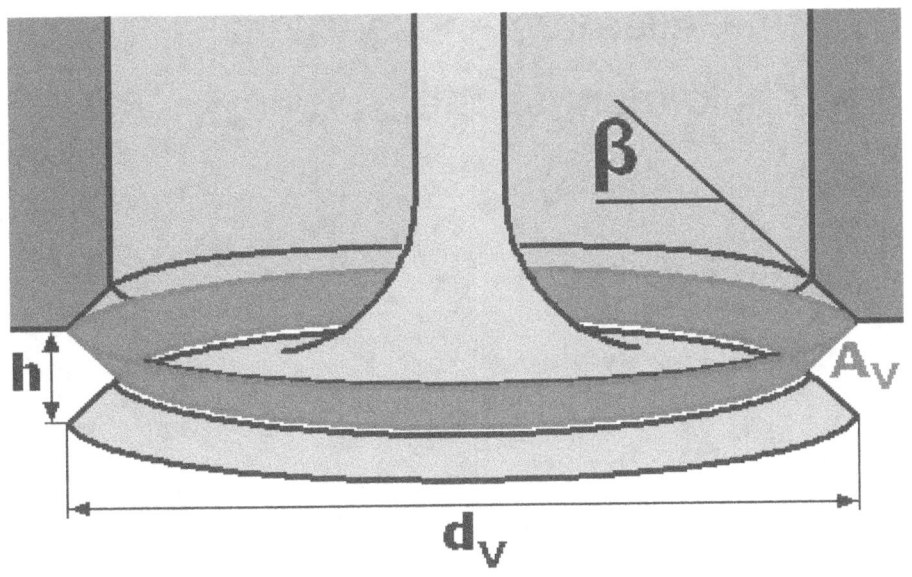

$$A_V \approx \cos(\beta) \cdot \pi \cdot d_V \cdot h$$

$$d_V \approx \frac{A_V}{\cos(\beta) \cdot \pi \cdot h}$$

$$h \approx \frac{A_V}{\cos(\beta) \cdot \pi \cdot d_V}$$

A_V	Ventilöffnungsfläche	mm²
β	Ventilsitzwinkel	° (Grad)
d_V	Ventiltellerdurchmesser	mm
h	Ventilöffnungshöhe	mm

◻❘❘❘ Ventilöffnungswinkel

Der Ventilöffnungswinkel ist der Winkel, um den die Kurbelwelle sich dreht, während das Ventil geöffnet ist.

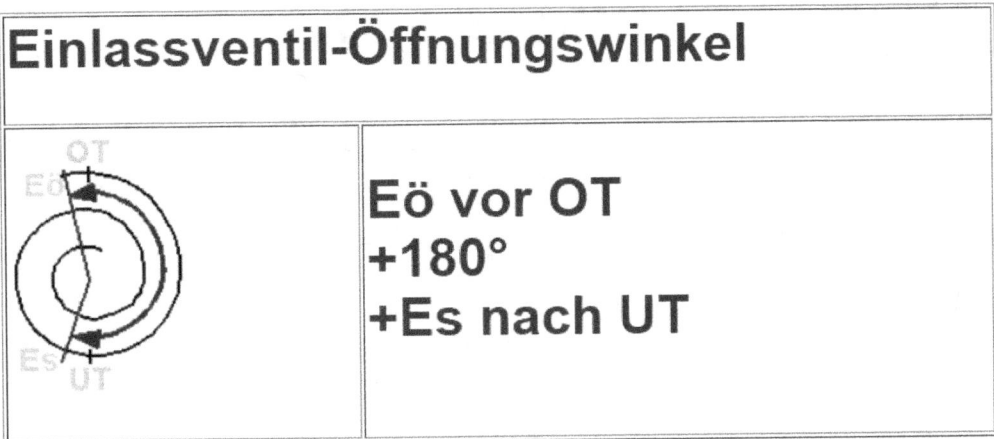

Einlassventil-Öffnungswinkel

Eö vor OT
+180°
+Es nach UT

Überprüfung der Berechnung! Hilfe nötig?
Bitte **nur** Zahlen in **zwei** Feldern eingeben und das **freie** Feld anklicken!

Eö vor OT **Aö vor UT**	° (Grad)
Es nach UT **As nach OT**	° (Grad)
Öffnungswinkel	° (Grad)

Auslassventil-Öffnungswinkel

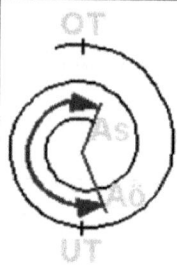

Aö vor UT
+ 180°
+ As nach OT

◻▯|| Ventilöffnungszeit

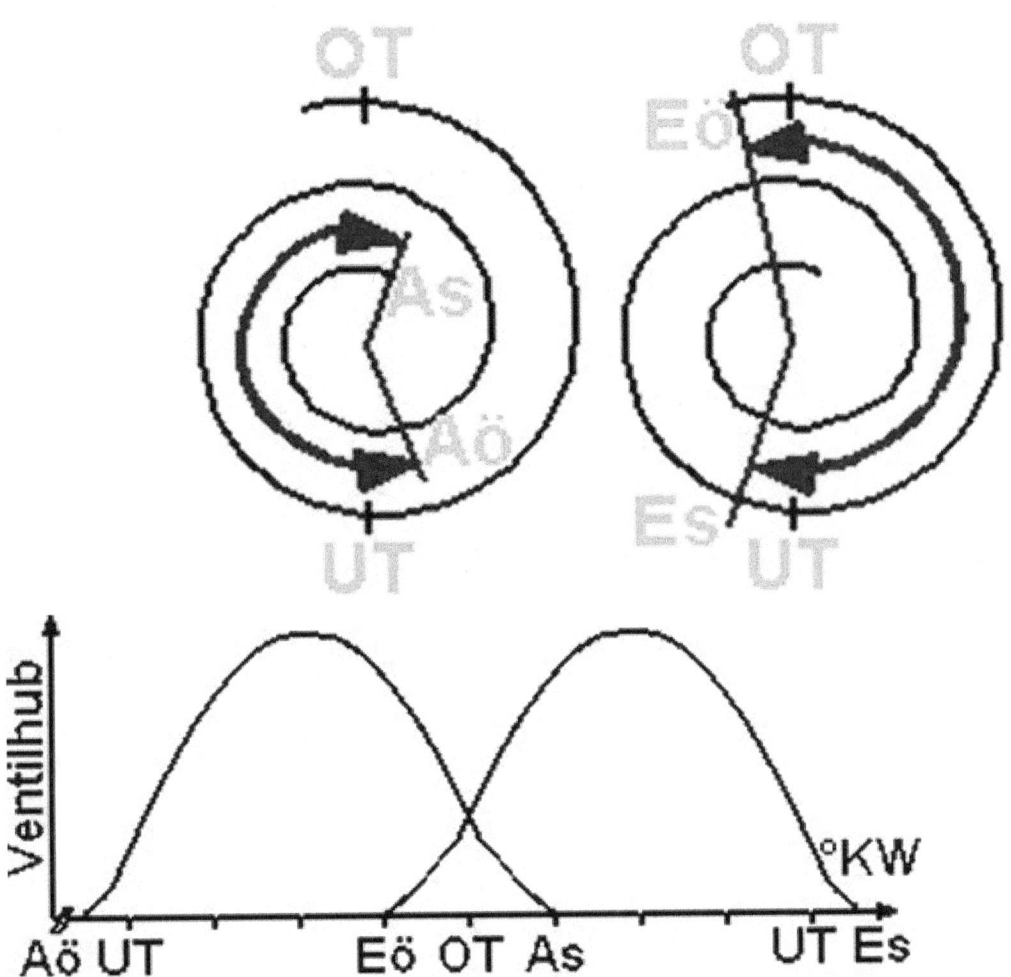

Zur Berechnung der Ventilöffnungszeit muss zunächst der Ventilöffnungswinkel berechnet werden. Bezieht man jetzt die Kurbelwellendrehzahl ein, so kann die Zeit bestimmt werden, während der das Ventil geöffnet ist.

$$t = \frac{\alpha}{n \cdot 6}$$

$$\alpha = t \cdot n \cdot 6$$

$$n = \frac{\alpha}{t \cdot 6}$$

α	Ventilöffnungswinkel	° (Grad)
n	Drehzahl	/min
t	Ventilöffnungszeit	s

▣▍▍▍ Verdichtungsverhältnis 1

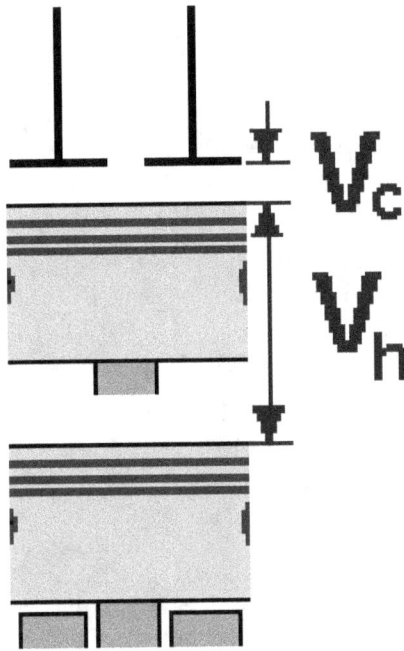

Das Verdichtungsverhältnis ist das Verhältnis des gesamten Zylinderraumes vor der Verdichtung (Hubraum + Verdichtungsraum) zum verbliebenen Raum nach der Verdichtung (Verdichtungsraum).

Größeres Verdichtungsverhältnis
Höherer Verdichtungsenddruck
Höherer Oktanzahlbedarf

$$\varepsilon = \frac{V_h + V_c}{V_c}$$

$$V_c = \frac{V_h}{\varepsilon - 1}$$

$$V_h = V_c \cdot (\varepsilon - 1)$$

V_h	Hubraum **eines** Zylinders	○	mm³
V_c	Verdichtungsraum **eines** Zylinders	●	cm³
		○	dm³
ε	Verdichtungs-verhältnis		

Das Verdichtungsverhältnis kann man durch Auslitern ermitteln. Dazu muss der Kolben des zu messenden Zylinders auf Zünd-OT gestellt und über die Kerzenbohrung mit Flüssigkeit gefüllt werden. Das geht mit einer Spritze und genauer Registrierung der Füllmenge bis einschließlich Kerzenbohrung. Hierbei muss der Motor so platziert werden, dass diese senkrecht steht und sich innen keine Luftblasen bilden.

Es folgt die gleiche Übung mit dem Kolben auf UT. Probleme bereitet es dabei, beide Ventile wirklich zu schließen. Vielleicht erreicht man das durch Ausbau der obenliegenden Nockenwelle oder der/des Kipphebel (s). Man könnte aber auch mit dem vom Hersteller angegebenen Einzelhubraum rechnen.

Jetzt muss nur noch jeweils der Rauminhalt der Kerzenbohrung abgezogen werden. Vielleicht kann man ja eine originale Zündkerze bis zum Dichtring in Wasser tauchen und die Erhöhung des Flüssigkeitsvolumens messen. Die endgültige Berechnung erfolgt durch Teilung der beiden Werte durcheinander (siehe oben).

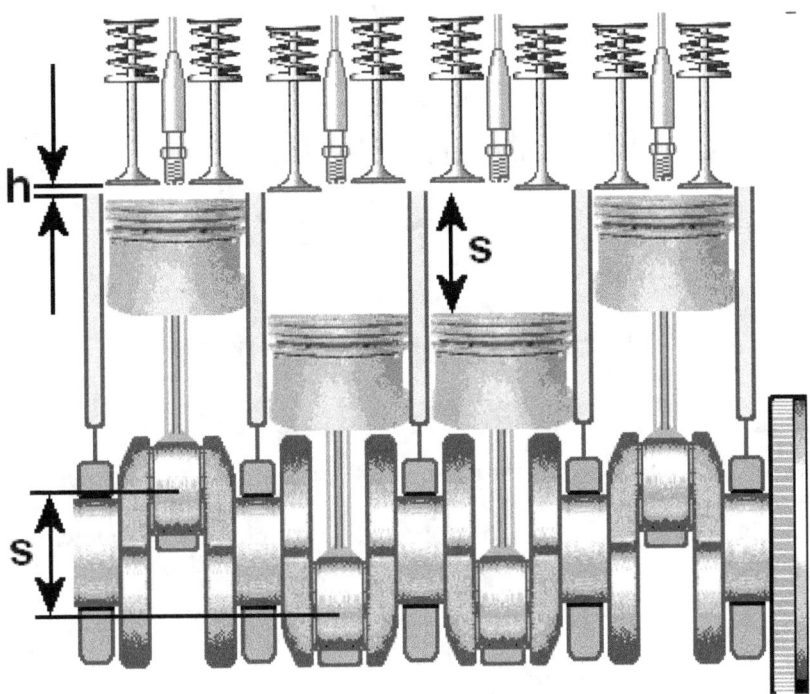

Das Verdichtungsverhältnis kann erhöht werden durch ...

- Werkstoffabnahme am Zylinderkopf (Planen),

- dünnere Kopfdichtung,

- mehr Kompressionshöhe am Kolben,

- längere Pleuelstangen.

$$h = \frac{s}{\varepsilon_{alt} - 1} - \frac{s}{\varepsilon_{neu} - 1}$$

$$\varepsilon_{neu} = \frac{s \cdot (\varepsilon_{alt} - 1)}{s - h \cdot (\varepsilon_{alt} - 1)} + 1$$

ε_{neu}	Verdichtung (neu)	
ε_{alt}	Verdichtung (alt)	
s	Hub	mm
h	Höhendifferenz	mm

Ein positiver Wert für die Höhendifferenz bedeutet, dass entweder vom Zylinderkopf Material entfernt werden oder eine dünnere Kopfdichtung verwendet werden muss. Eine negative Höhendifferenz wird wohl nur mit einer dickeren Kopfdichtung zu erreichen sein.

▣▥ Wärmemenge (gesamt)

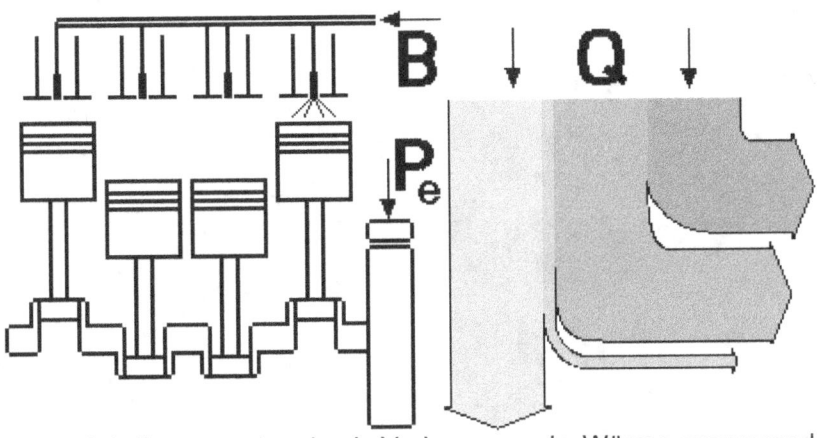

Hier wird die gesamte, durch Verbrennung in Wärme umgewandelte Energie des Kraftstoffs berechnet. Wenn man den prozentualen Anteil der ins Kühlsystem abgeführten Wärme kennt, kann man die entsprechende Wärmemenge berechnen.

$$Q = \frac{b_e \cdot P_e \cdot H_u}{1000}$$

$$b_e = \frac{Q \cdot 1000}{P_e \cdot H_u} \qquad P_e = \frac{Q \cdot 1000}{b_e \cdot H_u} \qquad H_u = \frac{Q \cdot 1000}{P_e \cdot b_e}$$

b_e	Spezifischer Kraftstoffverbrauch	g/kW·h
P_e	Effektive Leistung	kW
H_u	Spezifischer Heizwert	kJ/kg
Q	Wärmemenge	kJ/h

◻❙❙❙ Widerstand

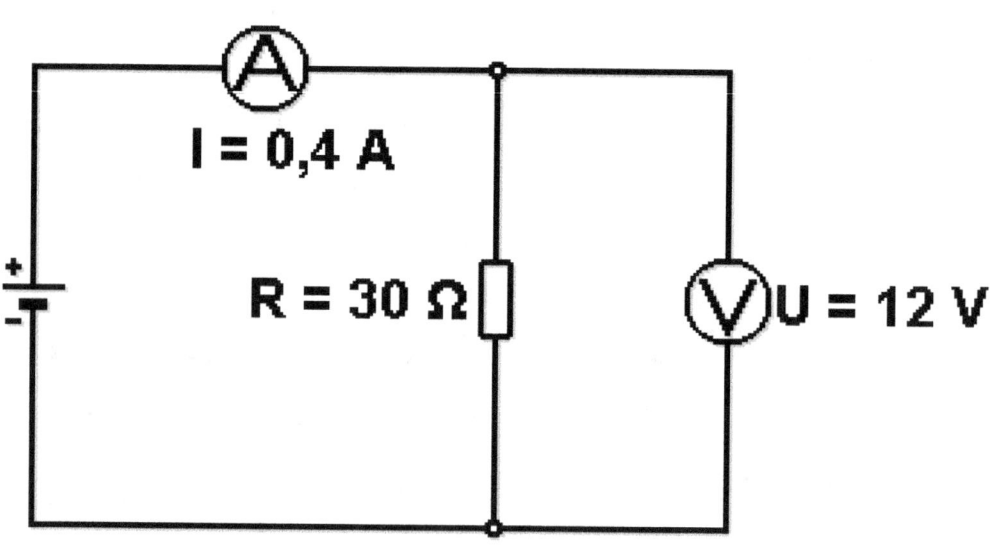

Im Widerstand wird elektrische Energie in Wärme umgewandelt. Das Ohm'sche Gesetz beschreibt den Zusammenhang zwischen Widerstand, Stromstärke und Spannung.

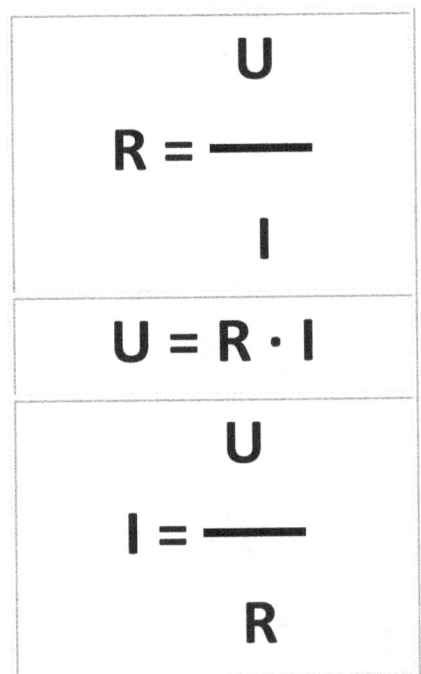

U	Spannung	V
I	Stromstärke	A
R	Widerstand	Ohm

▢▮▮▮ Wirkungsgrad

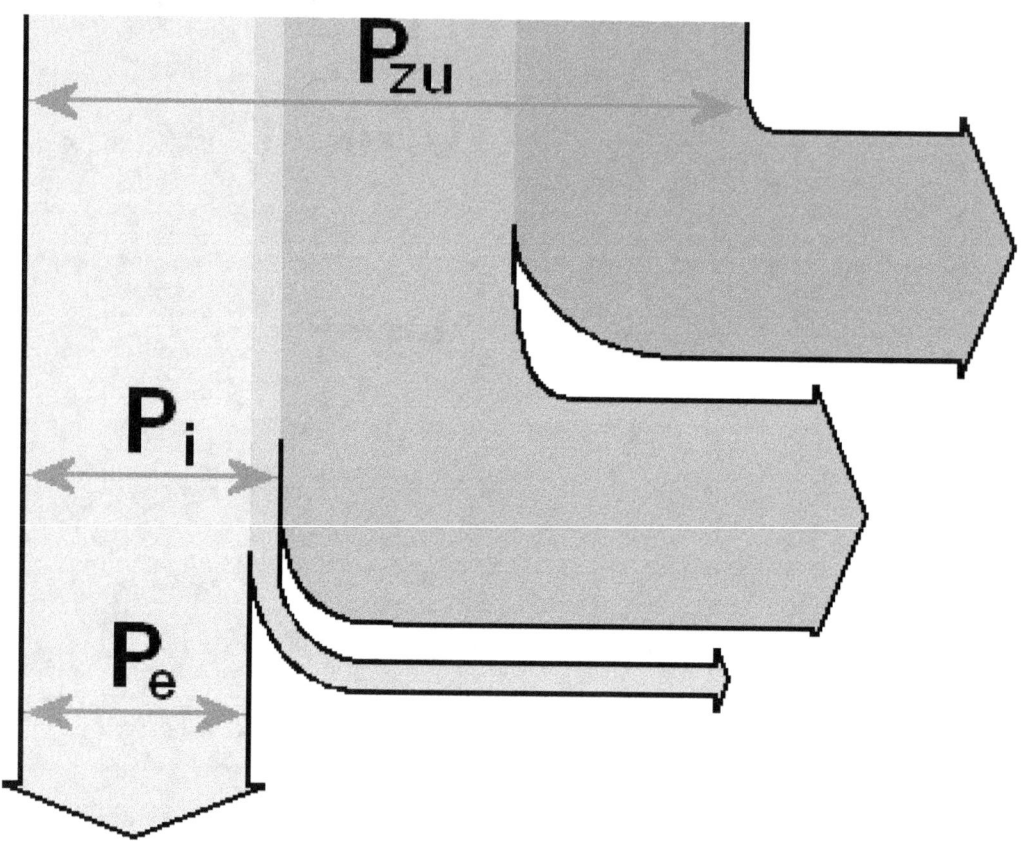

Knapp 80 % der Kraftstoffenergie gehen 'verloren'.	
Benzinmotor (ind. Einspritzung)	25 - 35 %
Benzinmotor (Direkteinspritzung)	bis 37 %
Dieselmotor (Nebenbrennraum)	35 - 40 %

Dieselmotor (Direkteinspritzer)	bis 45 %
Automatik-/Schaltgetriebe	85 - 95 %

Der mechanische Wirkungsgrad bezieht die abgegebene auf die zugeführte Leistung. Da die abgegebene Leistung immer kleiner ist, muss der Wirkungsgrad ebenfalls kleiner als 1 sein. Je näher an 1, desto besser die Energieausbeute. Der Wirkungsgrad liegt zwischen 0 und 1, in Prozent angegeben zwischen 0 und 100%. Wirkungsgrade hintereinander geschalteter Geräte werden grundsätzlich multipliziert.

Er ist ein Maß für die Güte der Energieumwandlung.

$$\eta = \frac{P_e}{P_i} \qquad P_e = P_i \cdot \eta \qquad P_i = \frac{P_e}{\eta}$$

$$\eta = \frac{P_{ab}}{P_{zu}} \qquad P_{ab} = P_{zu} \cdot \eta \qquad P_{zu} = \frac{P_{ab}}{\eta}$$

P_i P_{zu}	Indizierte Leistung Zugeführte Leistung	kW
P_e P_{ab}	Effektive Leistung Abgeführte Leistung	kW
η (Eta)	Wirkungsgrad	

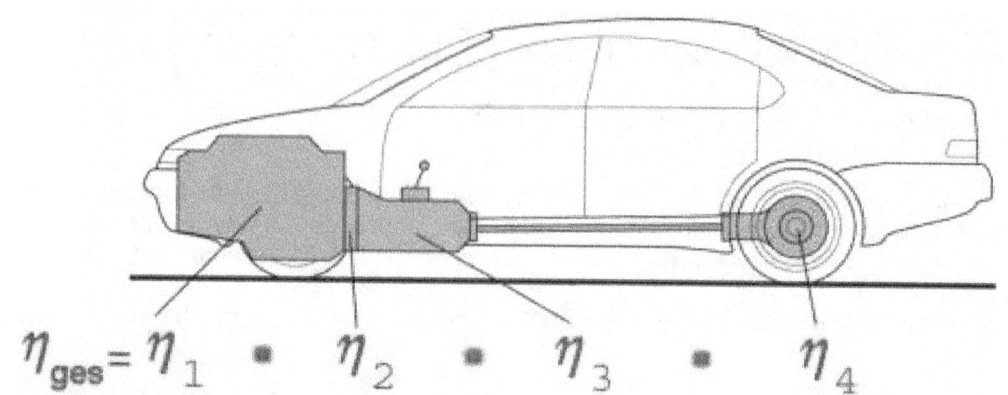

$$\eta_{ges} = \eta_1 \quad \bullet \quad \eta_2 \quad \bullet \quad \eta_3 \quad \bullet \quad \eta_4$$

◼️▮▮▮ Würfel

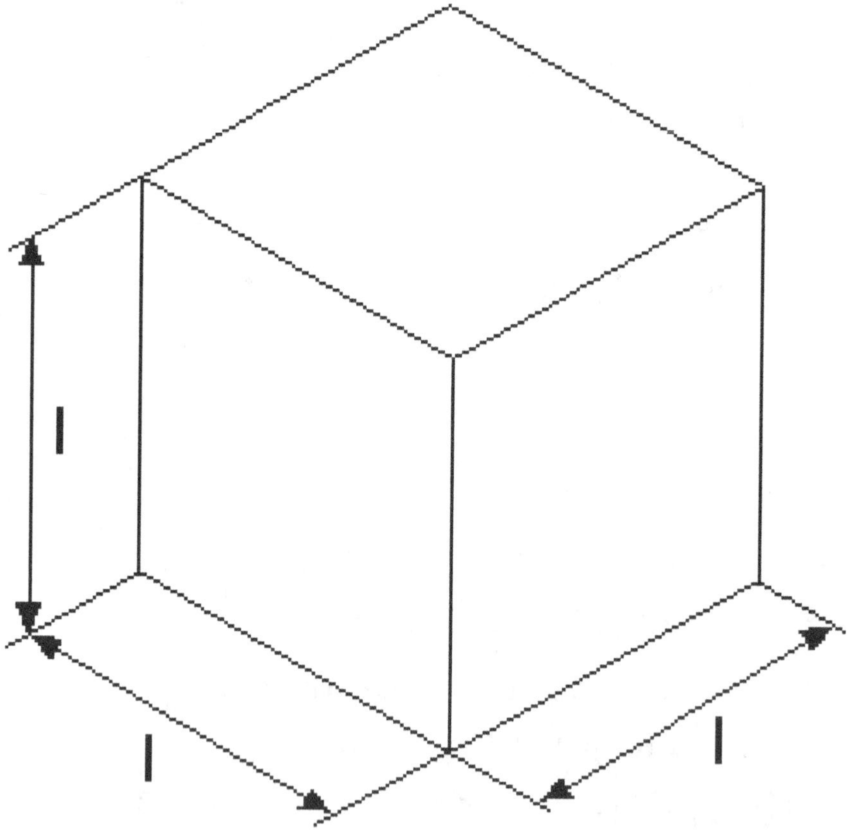

Der Würfel wird wie eine Rechtecksäule berechnet, bei der alle Kanten gleich lang sind.

$$V = l \cdot l \cdot l$$

$$V = l^3$$

$$l = \sqrt[3]{V}$$

l	Länge	• mm ○ cm ○ dm ○ m
V	Volumen	• mm³ ○ cm³ ○ dm³ (Liter) ○ m³

▭▮▮ Zündabstand

z (Zylinderzahl)	Ɣ (Viertakter)	Ɣ (Zweitakter)
Einzylinder	720°	360°
Zweizylinder	360°	180°
Dreizylinder	240°	120°
Vierzylinder	180°	90°
Fünfzylinder	144°	
Sechszylinder	120°	

Achtzylinder	90°	
Zehnzylinder	72°	
Zwölfzylinder	60°	
Sechzehn-zylinder	45°	

Der Zündabstand ist der Winkel, um den sich die Kurbelwelle nach der Zündung eines Zylinders bis zur Zündung des nächsten dreht.

$$\gamma = \frac{720°}{z}$$

Wichtig

Es gibt Motoren mit mehr oder weniger ungleichen Zündwinkeln, z.B. V10-Zylindermotoren im vegangenen Formel-1-Regelwerk und Zweizylinder-Reihenmotoren im Motorradbereich mit "Zweitakt"-Kurbelwelle (KTM).

▭▏▍▋ Zylinder

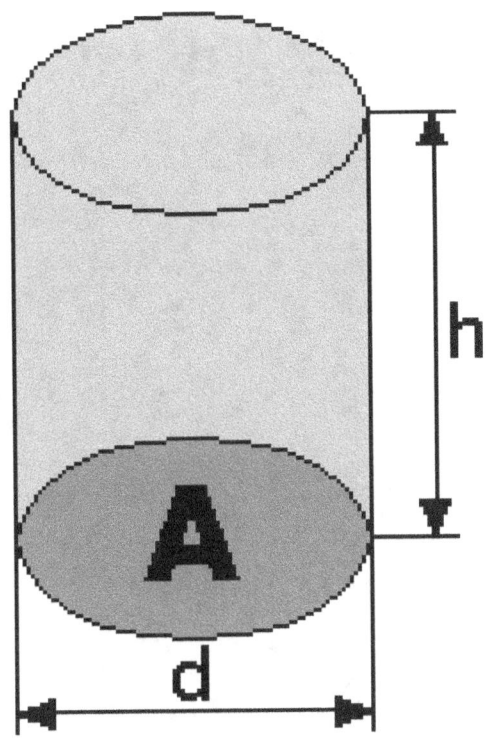

Das Volumen des Zylinders wird wie bei allen Körpern, deren Seitenflächen senkrecht auf der Grundfläche und deren untere und obere Flächen parallel sind, aus der (in diesem Fall kreisförmigen) Grundfläche und der Höhe berechnet.

$V = A \cdot h$	$A = \dfrac{V}{h}$	$h = \dfrac{V}{A}$

$V = \dfrac{d^2 \cdot \pi}{4} \cdot h$	$d = \sqrt{\dfrac{4 \cdot V}{\pi \cdot h}}$	$h = \dfrac{4 \cdot V}{d^2 \cdot \pi}$

⬛▮▮ Anhang

Binär -> Dezimal					
2^4	2^3	2^2	2^1	2^0	
0	0	0	0	0	0
0	0	0	0	1	1
0	0	0	1	0	2
0	0	0	1	1	3
0	0	1	0	0	4
0	0	1	0	1	5
0	0	1	1	0	6
0	0	1	1	1	7
0	1	0	0	0	8
0	1	0	0	1	9
0	1	0	1	0	10
0	1	0	1	1	11
0	1	1	0	0	12
0	1	1	0	1	13
0	1	1	1	0	14
0	1	1	1	1	15
1	0	0	0	0	16

ASCII-Code								
!	33	21	@	64	40	_	95	5F
"	34	22	A	65	41	`	96	60
#	35	23	B	66	42	a	97	61
$	36	24	C	67	43	b	98	62
%	37	25	D	68	44	c	99	63
&	38	26	E	69	45	d	100	64
'	39	27	F	70	46	e	101	65
(	40	28	G	71	47	f	102	66
)	41	29	H	72	48	g	103	67
*	42	2A	I	73	49	h	104	68
+	43	2B	J	74	4A	i	105	69
,	44	2C	K	75	4B	j	106	6A
-	45	2D	L	76	4C	k	107	6B
.	46	2E	M	77	4D	l	108	6C
/	47	2F	N	78	4E	m	109	6D
0	48	30	O	79	4F	n	110	6E
1	49	31	P	80	50	o	111	6F
2	50	32	Q	81	51	p	112	70
3	51	33	R	82	52	q	113	71
4	52	34	S	83	53	r	114	72

5	53	35	T	84	54	s	115	73
6	54	36	U	85	55	t	116	74
7	55	37	V	86	56	u	117	75
8	56	38	W	87	57	v	118	76
9	57	39	X	88	58	w	119	77
:	58	3A	Y	89	59	x	120	78
;	59	3B	Z	90	5A	y	121	79
<	60	3C	[	91	5B	z	122	7A
=	61	3D	\	92	5C	{	123	7B
>	62	3E	]	93	5D	|	124	7C
?	63	3F	^	94	5F	}	125	7D

Elektrochemische Spannungsreihe		
Lithium	Li^+	-3,04 V
Kalium	K^+	-2,92 V
Calcium	Ca^{2+}	-2,87 V
Natrium	Na^+	-2,71 V
Magnesium	Mg^{2+}	-2,37 V
Aluminium	Al^{3+}	-1,66 V
Mangan	Mn^{2+}	-1,18 V

Zink	Zn^{2+}	-0,76 V
Chrom	Cr^{3+}	-0,74 V
Eisen	Fe^{2+}	-0,44 V
Cadmium	Cd^{2+}	-0,40 V
Cobalt	Co^{3+}	-0,28 V
Nickel	Ni^{2+}	-0,25 V
Zinn	Sn^{2+}	-0,13 V
Blei	Pb^{2+}	-0,12 V
Wasserstoff	$2H^+$	0,00 V
Kupfer	Cu^{2+}	+0,34 V
Silber	Ag^+	+0,80 V
Quecksilber	Hg^{2+}	+0,85 V
Platin	Pt^{2+}	+1,20 V
Gold	Au^{3+}	+1,50 V

Dichte von festen Stoffen		
Aluminium	Al	2,71 kg/dm³
Blei	Pb	11,34 kg/dm³
Cadmium	Cd	8,64 kg/dm³
Chrom	Cr	7,2 kg/dm³
Cobalt	Co	8,9 kg/dm³
Eisen	Fe	8,78 kg/dm³

Gold	Au	19,32 kg/dm^3
Grafit	C	2,24 kg/dm^3
Grauguss	GG	7,25 kg/dm^3
Irdium	Ir	22,56 kg/dm^3
Kohlenstoff	C	3,51 kg/dm^3
Kupfer	Cu	8,92 kg/dm^3
Magnesium	Mg	1,74 kg/dm^3
Mangan	Mn	7,43 kg/dm^3
Molybdän	Mo	10,22 kg/dm^3
Natrium	Na	0,97 kg/dm^3
Niob	Nb	8,55 kg/dm^3
Phosphor	P	1,82 kg/dm^3
Platin	Pt	21,5 kg/dm^3
Schwefel	S	2,07 kg/dm^3
Selen	Se	4,8 kg/dm^3
Silber	Ag	10,5 kg/dm^3
Silicium	Si	2,33 kg/dm^3
Stahl	Fe	7,85 kg/dm^3
Tantal	Ta	16,6 kg/dm^3
Uran	U	19,1 kg/dm^3
Vanadium	V	6,12 kg/dm^3
Wolfram	W	19,27 kg/dm^3
Zink	Zn	7,13 kg/dm^3

Zinn	Sn	7,29 kg/dm³

Dichte von flüssigen/gasförmigen Stoffen	
Wasser	$1,00$ kg/m³
Benzin	$0,72 - 0,75$ kg/m³
Diesel	$0,81 - 0,85$ kg/m³
Maschinenöl	$0,91$ kg/m³
Quecksilber	$13,5$ kg/m³
Butan (C_4H_{10})	$2,70$ kg/m³
Propan (C_3H_8)	$2,00$ kg/m³
Methan (CH_4)	$0,72$ kg/m³
Luft	$1,293$ kg/m³
Sauerstoff (O_2)	$1,43$ kg/m³
Stickstoff (N_2)	$1,25$ kg/m³
Wasserstoff (H_2)	$0,09$ kg/m³

Längenausdehnungskoeffizient		
Alumimium	0,000 0238	1/K
Beton	0,000 01	1/K
Cadmium	0,000 03	1/K
Chrom	0,000 0084	1/K
Cobalt	0,000 0127	1/K

Eis	0,000 051	1/K
Eisen	0,000 012	1/K
Gold	0,000 0142	1/K
Grafit	0,000 0078	1/K
Gusseisen	0,000 0105	1/K
Kohlenstoff	0,000 00118	1/K
Kupfer	0,000 0168	1/K
Magnesium	0,000 026	1/K
Mangan	0,000 023	1/K
Molybdän	0,000 0052	1/K
Natrium	0,000 013	1/K
Nickel	0,000 013	1/K
Platin	0,000 009	1/K
Porzellan	0,000 004	1/K
Quartzglas	0,000 009	1/K
Silber	0,000 0193	1/K
Silicium	0,000 0042	1/K
Stahl, unlegiert	0,000 0119	1/K
Stahl, legiert	0,000 0161	1/K
Titan	0,000 0082	1/K
Wolfram	0,000 0045	1/K
Zink	0,000 029	1/K
Zinn	0,000 023	1/K

▣‖‖ Formelumstellung

kfz-tech.de/YFo2

▣‖‖ Stichworte

◻◨▮▮ Wie geht es weiter?

In der Tat, das Buch nähert sich rasant dem Ende. Aber das soll es nicht gewesen sein. Wir lassen Sie nicht allein mit dem Thema.

Wir haben ja unsere Website kfz-tech.de. Und wenn es Neuigkeiten zu diesem Thema gibt, können sie diese durch einen Klick auf das Symbol oben finden. Sie können daran teilhaben, sogar ohne weitere Kosten, solange die Texte noch nicht Eingang in das Buch gefunden haben.

▣▮▮▮ Wenn Ihnen . . .

- das Buch gefallen hat, wäre es nett, wenn Sie eine Kundenrezension schreiben würden.

- das Buch nicht gefallen hat, wäre es nett, wenn Sie statt einer Kundenrezension eine E-Mail an harald.huppertz@t-online.de schreiben würden. Wir befassen uns mit der Kritik und schicken Ihnen entweder Korrekturen zu oder erklären Ihnen, warum wir auf Ihre Kritik nicht eingehen konnten, versprochen.

▢❘❘❘ Bücher - Modellbau

Modellbau	
Modellbau 1	kfz-tech.de/M1
Modellbau 2	kfz-tech.de/M2
Modellbau 3	kfz-tech.de/M3
Modellbau 4	kfz-tech.de/M4
Modellbau 5	kfz-tech.de/M5
Modellbau 6	kfz-tech.de/M6
Modellbau 7	kfz-tech.de/M7
Modellbau 8	kfz-tech.de/M8
Modellbau 9	kfz-tech.de/M9
Modellbau 10	kfz-tech.de/M10
Modellbau 11	kfz-tech.de/M11
Modellbau 1-4	kfz-tech.de/M1-4

◻▮▮ Alle gedruckten Bücher

Wenn Sie die jeweilige Adresse in Ihren Internet-Browser eintippen, kommen Sie automatisch zu der Seite, auf der das Buch angeboten wird.

Kfz-Technik	
Autonom	kfz-tech.de/B12
CAN-Bus	kfz-tech.de/B01
CAN-Bus-Software	kfz-tech.de/B36
CAN-Bus-1000 Fragen	kfz-tech.de/B37
CAN Softw. Telem. 1000 Fragen	kfz-tech.de/B38
Computer	kfz-tech.de/B67
Software	kfz-tech.de/B03
Telematik	kfz-tech.de/B24
Sensoren	kfz-tech.de/B58
eDrive	kfz-tech.de/B02
eDrive 2	kfz-tech.de/B68
Verbrennungsmotoren	kfz-tech.de/B08
Verbrennungsmotoren-Aufgaben	kfz-tech.de/B29
Verbrennungsm.+1000 Fragen	kfz-tech.de/B26
Dieselmotor	kfz-tech.de/B28
Motorsteuerung	kfz-tech.de/B05
Zündung	kfz-tech.de/B62
Aufladung	kfz-tech.de/B34
Benzin-Einspritzung	kfz-tech.de/B11
Abgas	kfz-tech.de/B32
Schmierung	kfz-tech.de/B04
Getriebe	kfz-tech.de/B06
Allrad 1	kfz-tech.de/B30
Allrad 2	kfz-tech.de/B33
Lenkung	kfz-tech.de/B17
Fahrwerk	kfz-tech.de/B16
Hydraulische Bremse	kfz-tech.de/B15

Hydr. Bremse-Fragen	kfz-tech.de/B42
Druckluftbremse	kfz-tech.de/B29
Bremsen-Fragen	kfz-tech.de/B41
Räder	kfz-tech.de/B57
Klimaanlage	kfz-tech.de/B13
Kühlung-Heizung	kfz-tech.de/B14
Klima Kühl.-Heiz.	kfz-tech.de/B51
Karosserie	kfz-tech.de/B49
Design	kfz-tech.de/B40
Mobilität	kfz-tech.de/B54
kfz-Technik 1	kfz-tech.de/B50
kfz-Technik 2	kfz-tech.de/B61
kfz-Technik 3	kfz-tech.de/B52
kfz-Geschichte 1	kfz-tech.de/B46
kfz-Geschichte 2	kfz-tech.de/B47
kfz-Geschichte 3	kfz-tech.de/B48
Volkswagen 1	kfz-tech.de/B59
Volkswagen 2	kfz-tech.de/B60
Porsche	kfz-tech.de/B19
Lamborghini	kfz-tech.de/B55
BMW Teil 1	kfz-tech.de/B31
BMW Teil 2	kfz-tech.de/B35
Mercedes	kfz-tech.de/B53
Ferrari	kfz-tech.de/B45
Deutsch-Englisch	kfz-tech.de/B44
Psychologie	kfz-tech.de/B25
kfz-tech.de	kfz-tech.de/B18
Elektronik	kfz-tech.de/B43
Mathematik	kfz-tech.de/B05
Mathematik-Formeln	kfz-tech.de/B63
Physik	kfz-tech.de/B56
Chemie	kfz-tech.de/B39
Formeln	kfz-tech.de/B27

Wiederholungsfragen	
Verbrennungsmotor	kfz-tech.de/B09
Motormanagement	kfz-tech.de/B10
Bussysteme Elektronik	kfz-tech.de/B07
Prüfungsaufgaben Teil1.1	kfz-tech.de/B20
Prüfungsaufgaben Teil1.2	kfz-tech.de/B21
Prüfungsaufgaben Teil2.1	kfz-tech.de/B22
Prüfungsaufgaben Teil2.2	kfz-tech.de/B23